PUBLIC
SPACE

CREATE

A

HIGH-QUALITY

PUBLIC

SPACE

城市要素

打造有温度有品质的公共空间

URBAN ELEMENTS

陈跃中　易兰城市设计研究中心　著

中国建筑工业出版社

图书在版编目（CIP）数据

城市要素：打造有温度有品质的公共空间 = URBAN
ELEMENTS CREATE A HIGH-QUALITY PUBLIC SPACE / 陈跃
中，易兰城市设计研究中心著 . — 北京：中国建筑工业
出版社，2022.4
　　ISBN 978-7-112-27197-9

　　Ⅰ . ①城…　Ⅱ . ①陈…　②易…　Ⅲ . ①城市空间—公
共空间—景观设计　Ⅳ . ① TU984.11

中国版本图书馆 CIP 数据核字（2022）第 040773 号

责任编辑：杜　洁　李玲洁　张文胜
责任校对：王　烨

城市要素　打造有温度有品质的公共空间
URBAN ELEMENTS CREATE A HIGH-QUALITY PUBLIC SPACE
陈跃中　易兰城市设计研究中心　著
＊
中国建筑工业出版社出版、发行（北京海淀三里河路 9 号）
各地新华书店、建筑书店经销
北京建筑工业印刷厂制版
北京富诚彩色印刷有限公司印刷
＊
开本：965 毫米×1270 毫米　横 1/12　印张：20⅓　字数：742 千字
2022 年 4 月第一版　　2022 年 4 月第一次印刷
定价：**298.00** 元
ISBN 978-7-112-27197-9
　　（38725）

编委会成员：

陈跃中　唐艳红　莫　晓　汪晓岗　陈靖宁　张妍妍　魏佳玉　叶　超　许晓霖　王　斌

王秀娥　赵红霞　贾瑾玉　倪曼曼　Martin Siaw　Erin Henderschedt　李　睿　曾　潘

赵　楠　周丽雅

图片来源：

易兰规划设计院　河狸－景观摄影　一界摄影　彭已名（兔毛爹）　SOHO 中国有限公司

黄树生　林　一　李　忠　上海复胤摄影服务有限公司　目外摄影

杭州市西湖区泠城摄影工作室　李世铭　肖凯雄　成都万华投资集团有限公司

北京野鸭湖国家湿地公园　等

城市设计要素

陈跃中
David Yuezhong Chen

城市迅速发展，空间不断更新。

我国近几十年的城市发展不断从量变转向质变。当前，我国的城市建设开始从规模化转向品质化，城市空间由增量发展进入到存量更新时期。随着社会的发展，城市居住及生活环境都在逐步得到改善，社会各方面对城市建设提出更高要求。城市不仅要满足基本的居住、工作、出行功能，还必须适应市民日益增长的生活品质需求。随着人们物质水平不断提高，精神需求也显著增加，规划建设有品质、有温度、配套设施完备的城市空间尤为重要。

以作者的观察，当下的中国城市正在经历一场"空间革命"，深入研究城市生活与空间要素之间的相互作用有助于设计和建造高品质的城市公共空间。今天，我们应把人放在城市建设的核心位置，真正做到把以人为本作为推动城市发展的核心取向、城市空间设计的重要标尺。城市空间应尽可能包容多元的活动内容和价值取向，作为设计师应积极推动和塑造兼具活力与品质的城市公共空间，使我们的城市宜居宜行，使每一条街道和口袋公园都能做到舒适方便、老幼皆宜，使每一个公共空间都能反映出当地文化和市民生活。

城市空间给人的印象是综合的，各类空间相互渗透，有时界限是模糊的。城市如同建筑，是一种空间的结构，只是尺度更巨大，功能更复合，内容更丰富，需要用更长的时间去感知。本书从一个城市设计者的角度出发，深入研究城市空间的各项要素及其关系，并以作者参与的项目为例进行理论梳理。应该说明的是，城市空间要素的研究并不是只有一个角度，不同城市的空间要素及相互之间的作用亦有差异。希望本书可以对当前的城市更新与建设工作提供有益参考和借鉴。

目 录
CONTENTS

城市生活与空间要素 —— 陈跃中访谈录
Urban Space and Design Elements – Q & A with Chen Yuezhong

过去几十年，国家经历了前所未有的经济迅猛增长和社会发展，包括异乎寻常的城市化进程，中国的景观行业和市场从这一大潮中成长和锻炼，并随之起落，身处洪流之中，您有何感言？

陈跃中：中国过去几十年的快速城市化进程在人类历史上前所未有，在三十年的时间里走完了国外一两百年的城市发展进程。我们景观行业的从业者不仅是这一过程的见证者，更是作为践行者参与其中。我作为改革开放以来留学归国的第一批景观设计师，经历了国内的改革开放、出国深造和中国城市建设迅猛发展到今天逐渐步入成熟期的整个过程。中国的城市化加速进程是在大约2000年前后启动的，它伴随着房地产行业的腾飞和成熟，新一代景观师和相关行业多数得益于房地产的规模化发展。早期的混沌状态，大家对景观师是干什么的并没有明确的认知，对其工作的价值也无从判断。那时景观设计市场刚刚启动，市场定价都无从参考，具有很大的随意性。我们这些人，一方面是把国际上较为先进的理念和手法介绍进来，另一方面全面推动扩展景观行业的影响力。这也给当时的设计师创造了巨大的机会和市场来进行实践，使年轻一代的景观师可以有更多机会通过作品来展示自己的才华与抱负，但也让一些不成熟的东西大行其道。因为社会普遍缺乏鉴别能力，各取所需、急功近利的开发模式使得好的设计理念难以很好地落地，行业从业者的水平参差不齐，使这一时期的城市建设成果流于粗糙，可以看作是一种摸索期。之后一段时间（2008-2018）可以称之为景观行业发展的爆发期。行业伴随着房地产全面发展，居住类园林一枝独秀，占据了大半个市场。新的设计公司如雨后春笋一般在各个城市成立和发展起来，吸引了大批年轻有为的设计师投身到居住地产类景观实践中。消费者及开发商花样翻新的口味，使得追逐形式之风盛行，设计行业迫于生计多是随波逐流。从一定角度上说这一时期也锻炼出一大批务实肯干，具有服务精神的从业者。

当下，随着城市建设的步伐趋缓，建设的重点开始从规模化转向品质化。房地产业的发展进入调整期，风景园林行业不愁饭吃的日子要过去了。另一方面，开发商、消费者都渐趋理性。人们开始反思过去的问题和失误，无论是甲方、乙方还是城市的管理方、参与方，大家都逐步变得沉静和成熟。期待今后的建设能够上一个台阶，朝着高水准、高品质迈进，实现从量到质的转化。在这样的前提下，我想可能有几个方面的问题可以探讨：一个是在理论和实践上要更加包容开放，不要轻易给行业划个边界。设计上应该允许每个人选择自己的道路，尽量少用对错去判断别人，同行之间即使所抱理念不同也应该相互欣赏，取长补短。第二，是希望行业多关注和参与公共空间的研究和实践。过去的二十年，行业从业者绝大多数偏于地产类的景观设计，这一代景观师对行业的认知和技能可能因此存在一些偏差。长期服务于资本，也无助于形成和践行学科行业独立的价值观。应该及时调整以适应城市化新阶段的需求。第三，希望更多设计师回归到景观设计的社会服务本质上来，多在作品细节上下功夫，静下心来做好的作品。

中国各地政府和设计行业，近年来非常关心城市公共空间的品质提升，原因是什么？

陈跃中：中国的城市发展正在经历从量变到质变的过程，城市建设由增量发展进入存量更新的时期，城市的居住及生活环境都在逐步得到改善，人们对城市公共空间的品质提出了更高的要求，城市不仅要满足基本的居住、工作、出行功能，还必须满足居民日益增长的生活品质需求。当前人们对衣食住行的品质要求越来越高，由此上升为社会精神层面的需求显著增加。城市公共空间作为城市的重要组成部分，无论是经由城市长期发展演变形成（由市民生活方式自然形成的），还是通过主动规划构建而成的，都将在城市整体环境中占据着越来越重要的地位。

因这样一种需求，政府部门也越来越重视引导城市建设向高品质特色化发展。近两年出台了一系列相关政策，其中一项就是"生态修复和城市修补"（城市修补是城市发展理念的更新，也是一项长期的大规模的系统工程。城市修补，既要保护原有肌理，又要允许建设发生，新老巧妙结合成为关键。它有利于提高城市治理能力，解决城市病等）。住房和城乡建设部也印发了《关于加强生态修复城市修补工作的指导意见》，"城市双修"成为国家治理"城市病"，改善人居环境的重要政策依据。

从欧美国家的城市发展历程来看，后工业时代以来，科技产业及高端服务业构成新型城市发展的主要经济动力，城市品质围绕着人的需求和服务，获得普遍提升。科技人才作为最重要的社会资源受到空前的重视，有好的生活环境才能吸引和留住一流的人才。创新型人才需要丰富、怡人的城市空间。建筑技术

欧美国家积极推动街景的建设

北京亿利生态广场

的成熟，高效及规划按功能硬性分区，其副作用之一便是城市形象千篇一律，天际线趋同。大多数现代城市追求功能高效的同时，普遍忽略了作为城市空间的主角——人的根本需求。当下，人们正在逐步认识到功能主义的规划设计导向给我们的生态环境与人文环境带来的不利影响。而城市中的公共空间作为人与人生活与交往的重要空间，成为城市的重要地标，彰显城市特色。人们会因为在城市生活空间中的切身体验而记住这个城市。可以说一个城市的大街小巷就能够代表这个城市的品质。

我们当下的城市正在经历一场"空间革命"，景观设计师、规划师、建筑师以及市政管理部门需要协同合作，相互配合，将人的基本生活需求作为关注点和出发点，重塑兼具活力与品质的城市公共空间，使我们的城市宜居宜行，使每一个街角廊道舒适方便，且蕴含地域文化的独特性。

高品质的城市空间的标准是什么？规划设计一个好的公共空间应该关注哪些要素？

陈跃中：首先，高品质的城市应该关注使用者的需求。虽然可以泛泛地说，城市公共空间是为市民服务，但在设计具体项目时还是要细致地研究设计项目所针对特定服务对象的构成以及他们的特殊需求。他们是附近的白领上班族、旅游者还是退休的老人？他们需要配备什么样的设施，需要多大的空间等。其次，城市公共空间不应该被看作是一个个孤立的场所。应该将特定的空间放到区域甚至整个城市体系中去研究。一处高品质的公共广场，一个好的街道小口袋，一定是区域空间系统的有机组成，要认真研究和梳理项目与周边地块的关系与所在城市区域的道路联系、动线关系、视线组织、功能设施配备的分布，等等。一定要通过规划设计等手段使之与周边城市环境融为一体。尤其在当下生态、慢行及绿色交通体系越来越多地成为现代城市所追求的基础配置。城市公共空间的连通与界面设计，正在变成更加重要的品质指标。美国学者J·雅各布斯提出："城市中最有活力的地方就是面向公众开放的城市公共空间，主要包括公园、街道、广场、街头绿地等，它们通常是以城市建筑围合起来的外部空间，在更广泛的意义上，这些空间也可被称之为景观。换言之，公共空间是城市生活的外部舞台，且集中体现了城市的文化魅力和生活品质。"一提起城市公

共空间人们往往首先想到的是那些宽阔的广场和标志性的建筑物。我们往往忽略了普通的街道和那些城市绿地，设计应当将街道、公园绿地等开放空间纳入到一个综合系统中进行考虑。在这里，无论是空间的形态、尺度和功能，还是绿化和基础设施的配置，都要优先考虑人的需求，而不仅仅只从功能和审美的角度进行考量。另外，一个优秀的城市公共空间应该挖掘和展现地方文脉、在地文化并与周围整体环境相协调。城市空间是城市文化的体现，应反映那里的市民的生活状态和精神风貌。城市公共空间连同公共建筑一起构成人们对一个城市最深刻的印象，而这种印象又是由无数个生动而微小的细节构成。无论是地标构成的比例纹样，街景雕塑的色彩，路边餐饮的店招，还是公共座椅的分布与材质，无不反映着一个城市的生活品质与文化水平。城市空间的标准，即是良好的市民生活状态。

城市公共空间的景观设计有哪些类型？它们又有什么共同点？设计师应具备什么样的条件？

陈跃中：城市公共空间在学术上有不同的分类方式，我倾向于以空间形态与环境特点为依据进行分类和研究，因为这符合普通市民对城市的认知。据此城市公共景观空间项目可以归纳为九种类型：① 城市规划和城市风貌设计；② 城市街道和街景设计；③ 城市地标空间规划设计；④ 旧城改造与城市更新；⑤ 城市公园设计；⑥ 政务商务科技园区设计；⑦ 主题展园规划设计；⑧ 城市滨水空间规划设计；⑨ 城市工业区生态修复设计。应该说明的是，以上分类不是绝对的，也不完全反映使用者的认知，只是为讨论设计问题提供一种方便。城市空间给人的印象是综合的，各类空间相互渗透，有时界限是模糊的，分类有助于设计者研究其中的构成要素。本书的内容就是围绕这样一种归纳分别进行研究和梳理的。城市公共空间不管是哪种类型都具备一项共同的特点，那就是它们是市民所共有的，对所有人开放的，服务于大众的。因此，设计公共空间必须优先考虑公共健康、安全、生态及其他公共服务需求，以维护公共效益为第一优先。这一点与私家或有私家属性的开放项目不同。因此，营造城市公共空间，需要设计师具备社会价值观导向。同时，一个合格的城市公共空间的主设应该具备设计安全、健康的场所

北京首钢工业遗址改造设计

美国旧金山街头的乐队演出，吸引路过的行人自发参与舞蹈（来源：深度感受加州阳光热情：每一处风景都秒杀你的镜头！2019-09-11 [2021-11-12]. https://page.om.qq.com/page/OZM6-L_-dG1kAoPUed1FG_rA0）

和生态、人文环境的意识及掌握各项技术规范和要求。在美国等一些国家，只有通过严格考试及资格认证，条件具备职业资格的人（LANDSCAPE ARCHITECT）才被允许担任公共空间的设计工作，在我国目前还没有这方面的资格认证，理论方面也略嫌缺乏必要的探讨和准备。

我国城市公共空间营造有哪些特点？有什么不足？应该如何借鉴和学习其他国家的先进经验？

陈跃中：我国城市公共空间的改造与提升正进入一个新的发展时期。在我国过去数十年的城市发展过程中，从大的方向来说，出于特有的文化、体制等因素，我国的城市空间更加重视功能分区、设施分布、文化表述。尺度上更加宏大，强调秩序。空间格局及细节、艺术处理上则更多反映意识形态方面的追求。西方发达国家则更早地将城市开放空间作为城市规划与景观设计学科的专业领域进行研究和建设，因此更成体系，理论更加完善，其理论研究与实践结合得也更加紧密。西方发达国家的城市空间设计更加注重人的行为心理研究，多以人的视角满足和塑造真实生活，反映市民需求和在地文化。这些国家城市空间的更新改造更多地遵循满足市民的方便与享受这一主线，并以此形成各自的特色。以美国印第安纳波利斯佐治亚大街的改造为例，为了鼓励慢行出行，设计者将大街由原来的双向六车道减少到双向两车道，在街道中间增设了公共空间，为行人提供更多、更友好的街道服务设施。这样的做法，在一定程度上限制了车行、减缓了车速，增强了行人的安全性，增加了道路两侧的联系，创造出了更多的公共活动空间。城市设计及时地对市民日常生活方式的改变做出了反应。

城市起源于人们的生活和市场交流的功能集合，因此，便于步行和运输是城市起源的基本要求，但是在现代社会，由于机动车传统的单边的快速发展，反而又对城市居民生活、休闲空间出现各种负面的作用。大约从20世纪中叶开始，欧美国家认识到以机动车为主导的城市规划所带来的问题，各个国家开始在城市核心地域尝试"去汽车化"的变革，体现"以人为本"的原则，强调作为开放空间的街道不仅提供机动车交通功能，同时应重视街道空间的步行和休闲功能。美国印第安纳波利斯的

佐治亚大街就是一个成功的案例。在改造前，佐治亚大街上的车行道尺度过大，以至于缺乏人与人之间的亲密感，而且行道树稀稀疏疏，排水方式陈旧，下水道系统老化不堪，整个道路缺乏安全感和舒适感，步行环境恶劣，没有将人行和人的体验视为优先考虑的因素。通过一系列的改造措施，佐治亚大街将车行道变窄，拓宽了中央空间的活动带，采取生态回收的排水方式，外加无道牙式设计，又进一步调整了道路的业态及空间形式。整个改造让这处街道空间恢复了人性化，重新焕发了活力。到了20世纪90年代前后，这样的城市空间改造的案例在东西方国家就已经层出不穷，形成主流。

总的来说，欧美主要发达国家的城市开放空间更具生活气息，尺度更加人性化，也更注重行人的心理行为需求。而我国在城市开放空间的功能布置、文化记忆、设施配置、尺度材料、艺术处理等方面，还有很多需要改进和提升的地方。

请问景观设计师如何参与到城市设计中，并发挥自身能力打造高品质城市公共空间？

陈跃中：西方的城市规划（URBAN PLANNING）作为一门学科是20世纪初从景观设计专业分离出来的。但是，过去在国内很长的一段时间内，大多数景观设计师相较于建筑师、规划师而言，一直处于"陪衬"的专业角色。虽然近年来，景观设计师的专业地位获得了显著的提升，不过，其边缘性的专业定位还是没有得到彻底改观。一般而言，建筑师、规划师以及交通部门、水利部门等专门团队做出总体规划策略和空间布局后，景观设计师再完成后续的补充性设计。实际上，这种合作方式存在着较大的弊端，需要我们进行深刻的反思。

我在二十年前即提出大景观理念，主张景观设计师应该更加关注城市甚至是更大尺度的系统规划。景观设计师应该把城乡规划与设计作为行业学科的主要方向去关注和发展。虽然近年来景观设计师对于城市空间的参与度逐步增多，但在相当一段时间内，大多数景观设计师相较于建筑师、规划师而言，对于城市设计的参与度仍然很低，仍然处于陪衬的角色。我们除了主导一些城市公园绿地等专属性的用地设计以外，对其他城市规

北京融科资讯中心

印第安纳波利斯的佐治亚大街

莱斯大学博尚馆公共空间设计

北京中粮祥云小镇商业街

美国纽约高线公园

美国纽约高线公园

划及公共空间的布局及设计工作，没有起到关键性的作用，没有发挥出我们的专业潜力。

20 世纪 90 年代以来，国内景观设计师的主要业务是为居住区的规划设计，这使得城市公共空间的实践创新和理论探索没有获得足够重视，因此，优秀的城市公共空间规划设计作品也相对较少。近几年这种情况逐步有所改观。易兰设计始终坚持学术研究和设计创新相结合，一方面以重塑公共开放空间为实践目标，另一方面与高校合作加强学术研究，力图为行业的发展创新起到力所能及的引导作用。现今，城市问题日益引起政府管理者、开发投资者以及城市居民等团体的重视，作为城市公共空间应有的策划者和建造者，景观设计师应更关注城市核心区域、广场、街道和街头绿地等城市公共空间的规划设计，参与解决功能分区、车行交通系统、市民步行系统、街道的功能需求、视觉品质和生态持续性等专业问题，以求能够创造出满足市民美好生活和环境适宜的城市空间。

大景观理念，其中最重要的观点就是强调景观设计师与其他学科专家采取协调合作的方式，共同参与城市片区的规划布局和空间设计。诚然，在空间尺度和操作方法上，当今的景观规划设计都比传统园林有了跨越式的转变。这种转变体现在从私属性转变成公共性，从微观转变成宏观和微观结合的尺度，从审美抒情转变到生态可持续的标准上，现阶段的规划设计注重空间环境和功能的整体营建，集中体现综合性、专业化和多元性的整合发展。

在此发展背景下，景观规划设计师的工作范畴不仅涵盖了从区域规划、城市规划、场地设计等不同尺度的项目类型，同时还要考虑经济、社会、文化和生态等规划目标。"大景观"规划设计方法强调景观规划设计师需要在不同的层次工作领域中保持整体性和连贯性。依据自身的专业特性，在项目的前期和宏观尺度的布局上发挥潜质，然后在后续工作中实现宏观到微观的尺度转换。

您多次提到近现代城市高速发展带来的弊端，在您看来什么是我国当前最大的城市问题？

陈跃中：城镇最初大多是自发形成，尺度以步行距离作为标准，城市的公共空间也是在人际交往的日常活动中自发形成并逐步确定出一些模式的。例如，早期的村镇中心，往往是围绕着一口老水井、一座溪桥、一棵大树或一座祠堂为中心，经年累月成为供人们休闲、交往和集会的场所。传统城市空间的尺度和分布符合人们步行的方式，空间的肌理富有层次感和有机性，错落有致，简单实用。研究中世纪欧洲典型的城市肌理就会发现，城市的道路很少是横平竖直的，一条路走着走着就变成歪的斜向的了。似乎很随意，其实这正是步行化时代城市高效布局的体现。这些道路和小广场虽然是自发衍生，却能提供充分而方便的联系，使居民生活井然，满足出行、交往、工作、商贸等生活需要的各项功能正常运转。

随着工业化发展，汽车等交通工具的普及，极大程度上压缩了城市空间的步行潜力，快速路及高架桥将城市空间划分得支离破碎，快节奏的速度感压制了慢节奏的生活感。城市的肌理亦随之发生明显变化，城市尺度的扩张不再与人类的身体经验相协调。许多城市规划通常采用大街区的模式，主要强调道路的机动车交通效率，导致其忽视了街道的空间场所功能。城市规模的快速扩张和蔓延，以效率和功能为导向的刻板空间规划，皆使得城市公共空间失去了往日的活力和弹性，它们不再像过去那样令人神往了。

当代的城市，一方面不断地向郊区水平蔓延；另一方面，又在市中区持续地进行着大规模的竖向聚集。因此，城市空间在向外和向内的双重发展过程中，共同导致了一系列的城市问题，比如说，城市空间的步行体验感陡然消失，城市景观遭到严重破坏，城市空间的尺度感逐步失衡，美学品质下降以及社会意义和文化特质的丧失，等。世界范围内的城市皆面临着迅猛的建造和更新趋势，尤其以发展中国家的城市更为明显，结果造成了"千城一面"的城市风貌、拥挤的交通、逐渐恶化的生态系统、越来越小的休闲空间等城市问题，这些近现代的都市普遍忽视街道、广场和公园等开放空间的重要性，且忽视城市历史文化的传承，缺少对人性的基本关怀。

北京融科资讯中心B区

英国伦敦史密斯菲尔德街复兴

美国纽约州伊萨卡大学城公共空间改造：行人休闲区设有座席提供休憩

易兰大力推动国内各相关领域共同关注城市公共空间，并且率先在这个领域进行了一系列的实践，能否谈一点这方面的想法？

陈跃中：我在国外留学及旅行中经常感受到欧美国家城市公共空间的人性化设计及高品质的呈现，回国多年以来一直想着对我们的城市发展做些改善工作。首先是理念问题，我希望将城市空间当作一个专业进行研究，它是把城市建构筑物以外的空间部分作为主要研究设计对象，这一点不同于建筑设计和传统的园林设计，欧美国家在这方面走在了前面。长期以来在我国的城市中也做了街道、广场、公园、绿地等，但主要还是把它们作为各自所对应的市政项目来研究它们，或是把它们当作建筑的附属物来看待，没有去真正去研究人们生活在其中的功能与意义。把城市公共空间当作人们日常生活的空间属性进行探讨，并使之成为独立的学科去发展，已经是迫在眉睫的事了。

面对着时代的变革，城市要素的定位必然会发生相应变化。当下大部分城市已经完成了快速扩张的初始阶段，从规模化转向了精细化的发展模式。在新的历史阶段，城市设计应更注重空间品质的全方位提升。以生活场景为导向，正是这种提升的最好指引和最佳方向。目前的城市空间领域存在以下几方面的问题需要在未来的工作中更加注意和改进：注重粗放型的空间增量拓展，缺乏细腻的设计研究；只侧重物质空间的建设，忽略对生活场景的设想和规划；偏重政绩思维，等等。今后我们应该更加明确城市的服务功能，提升城市空间的人性化品质。

综上所述，我们的城市开放空间建设应当注重以下几点：精细化的综合资源管理，品质化的舒适服务环境，以及生态和人文环境的可持续发展。在整个价值取舍上，都市空间应当倡导由量到质、由快到慢、由汽车到人行的全面转型。

因此，新时期的城市公共空间设计不仅要体现城市经济的高效发展，还应该承载城市居民修身养性、散步休闲的角色定位，不断满足市民对于美好生活的追求。景观设计师的时代使命就是真正打造一处处有故事、有温度的场所空间，倡导和践行"为生活而设计"的专业价值观。

怎样才能使我们的公共空间变得有活力、有温度？

陈跃中：城市空间的活力来源于它的使用者，设计者必须仔细研究使用者的需求与空间尺度的关系，认真照顾每一个细节，才能使空间有人气让人流连忘返。我们经常遇到的问题是求大，以为广场越大越好，道路越宽越有面子。其实这往往导致空间的人性化品质下降。如果空间的尺度过于空旷，缺少近人尺度的亲切感受，人就只能是匆匆而过，不会在其中停留和交往。通过人的行为心理研究可以发现，不管公共空间有多大，人总是喜欢在它的边界部分停留和活动。这有多方面的原因，一方面广场空间的边缘部分让人感觉有依靠，有安全感；另一方面丰富的边界形态，也能提供更加有趣的视觉体验。此外，还有遮阴等小气候方面以及贴近服务等舒适性方面的因素。因此在设计时增加空间边界的长度和它的丰富性比增加面积能够吸引更多的人去停留其间。常见的城市广场，空空荡荡，毫无人气，和边界处理过于单调有极大关系。把公共空间的边界处理成凹凸有致的界面，或者借助小挡墙、小水景形成亲切的小空间，或者在广场上设计出创造出一些具有领域感的半私密空间，都可以化解这样的问题。这些水景、树池、挡墙等设施，可以创造出更多的界面，吸引更多的人气。因此界面的多元丰富，对于公共空间的人气和活力的营造至关重要。

另外，城市中的街道和广场空间的边界大都是由建筑围合而成的，而这些建筑的功能和业态分布直接影响和规定了这些城市公共空间的特性和品质。单一功能所形成的城市空间一定经常处于死寂的状态，缺乏活力。因此当我们谈及街道和公共空间的活力与温度时，不可能只在传统的景观设计的范围内就事论事，一定要将周边建筑的业态以及其能为众人所提供的服务结合进来一起考虑。很多滨水空间绿地，打造出来很好看，但是总觉得缺乏人气，其中重要的原因就在于城市规划者总是用一条大道将滨水空间与城市服务分隔开，沿河叫滨河大道，沿湖叫滨湖大道，沿海叫滨海大道。这些大道通常兼有展示城市风光形象的功能，因此都做成城市主干线的宽度，车速很快，道路内侧的城市功能与滨水空间分隔，而滨水一侧往往缺乏生动有趣的服务空间及内容，造成空寂无聊的滨水绿地空间。这样的滨水空间在我国可谓比比皆是，造成绿地景观资源的浪费。

北京上地联想科技园街景提升改造

以色列哈德拉埃米尔大道

北京中粮祥云小镇商业街

由此可见，城市公共空间的品质与人气，离不开从人本的角度出发去研究空间，离不开跨专业的努力。街景重构首先是空间业态的重构，然后才是空间的重构。

发展夜经济对城市公共空间的设计提出什么样的新需求？

陈跃中：发展夜经济对于促进一个城市区域的繁荣，吸引年轻创业者，创造和保持城市的活力具有重大意义。打造夜经济需要富于魅力的城市空间和舞台，需要从空间形态、景观视线、周边的业态构成、内容设置、照明设计、核心吸引物等多重角度和方面去进行考虑。

这里面的关键还是要围绕人的需求，特别是年轻人在夜间丰富多彩的生活的需求去做文章，具体地说打造夜色下的公共空间，应该注意以下要点：① 增加体验性消费场景，将夜间消费产品融入公共空间的环境中，使夜间的服务更加贴心方便，既服务好了市民，也创造了夜间消费，增加了经济的活跃度。我们看到一些城市花了很多钱在城市的亮化照明上，其实，如果没有消费服务和场景的营造，城市照明再亮也是产生不了夜间经济的。② 要准确定位夜经济的主要参与人群，设置相应的业态服务。一般来说城市夜生活的主力人群是二十岁到四十岁之间的年轻从业者及中青年父母。这些人白天都忙着工作，夜晚活动安排偏重休闲、看秀、会友。聚餐空间、酒吧必不可少。一定规模的文化广场也是夜色中绝佳的点缀，要注重室内外空间的互动性和外摆空间的舒适与情调。音乐及秀场是夜色情调的催化剂，也是粉丝经济的主战场。空间设计可以考虑外摆空间结合小型秀场的形式，此外融入科技内容的互动装置也会吸引年轻人，增加夜色的美丽。③ 结合滨水空间注入夜间服务内容。由于人类天生的亲水性，滨水空间成为城市公共空间中最富活力和多样性的空间类型。夜经济的繁荣更少不了滨水空间的融入，水中倒映的璀璨光影，可以给迷人的夜色增添梦幻般的魅力。滨水空间可以结合"水"这一元素，有效提升空间品质，打造夜生活、夜经济的新节点。景观照明也可以结合水景增加设计更多的可能性，塑造更具吸引力，更加舒适宜人的公共空间。④ 要注意夜经济场所的功能规划和动线组织，注重与周边土地使用及与居民的空间关系，梳理交通，又能通过适当过渡与隔离做到不扰民。便利可达而又不相扰是夜经济场所设计中特别应该注意的。

为什么说一个好的公共空间设计应该具有地方性？如何在城市公共空间设计中融入在地文化？

陈跃中：街道见证了城市的发展与演变，承载着丰富多彩的城市生活，串联着形态多样的建筑单体，蕴含着丰富多样的城市记忆。城市空间是邻里情感与社会的纽带，是体现城市和街区特色的重要载体。伊利尔·沙里宁说过"让我看看你的城市，我就能说出这个城市在文化上追求的是什么。"城市是市民的生活空间，它不可避免地反映当地居民的文化层次和生活品位，城市管理的效率和文明程度。一个城市的市民素质，管理状态，是否重视老人孩子的需求，是否尊重历史文化与艺术，是否具有创造力和想象力，都可以从公共空间的布局及细节中解读出个大概。

我个人认为城市空间比起私家园林或者居住小区具有更强的公共性和复合度，需要体现和承载城市和社区的公共价值与文化历史，需要珍视属于这个地区的历史文脉和生活习俗。设计的过程本身就应该成为一个梳理场地历史信息和脉络的过程。城市公共空间设计主要所体现的不应该只是设计师的个性和品位，其形态和肌理应该像是从城市文化与形态肌理中自然生长出来的。文化传承和场地信息不应该被忽视和切断，而应该被提炼和融入新的城市空间中，形成特有的气质。这方面有很多好的做法可以引荐，一些城市的老街区的改造承载着丰富多样的历史记忆，景观设计使街道记忆得以发掘和延续，让保护与发展共存，赋予街景设计以场所精神。如易兰设计的常德老西门葫芦口，场地营造的灵感来源于当地传统民居庭院建筑形式的"四水归堂"，利用竖向高差创造了下沉水院这一景观形式。结合现代商街的休闲功能，运用现代景观的手法和材料保留了这一带窨子屋的场景记忆。在曾经的场地和空间布局中，融入了现代元素和生活方式，让场地焕发出特有的生机和魅力。

除了对文化记忆的发掘与表达，将当下市民的文化生活融入街区设计，打造有趣的有生命力的街道空间也非常重要。市民的

北京望京 SOHO

文化生活和文化气质是随着社会的长期发展形成的，鼓励街边高质量的文化生活，为他们提供适合的场地，对市民的身心健康有着积极的影响，也有助于展示城市发展的风貌。一个城市的生活状态，应该反映在它的空间设计中。在地性是一种文化表现，我们需要研究使用者的生活习惯，使之更好地服务所在街区。每条街道所在街区都有其人群的文化特色，要把这些挖掘出来，与街道空间和景观元素的设计相结合才能体现特色，呈现出丰富的街区形态。北京望京 SOHO 项目中，景观融入其建筑标志性的流线型设计，利用动感、流畅的线条，既呼应了建筑的形态风格，又在解决竖向的同时打造令人愉悦、尺度适宜、空间变化丰富的现代化办公商业环境和城市公共空间。在这个项目中，设计师打开场地有意让市民生活更多地融入其中，创造出人们心目中的地标。

能否介绍一下易兰的主要业务方向是哪些？有哪些特点？背后有哪些思考？

陈跃中：从项目类型上看易兰的分布是比较广的。除了传统的地产类的项目外，城市公共空间与文旅度假类项目也是易兰的重要业务板块。三者大概各占三分之一。易兰的这种项目分布在业界可以说是少见的。它得益于易兰所倡导的理念及对行业的宏观认知。易兰在市场上有取有舍，坚持多年才形成今天这个局面。易兰在专业上力图做到有学术追求、研发向导，希望能够用我们的实践为业主、用户及行业创造更大的价值。我们与国内外多所大学及研究机构建立了长期的合作关系，力争把每一个项目做成一个研究题目，让自己在为别人创造价值的同时也能够不断学习提升。易兰是美国路易斯安那大学、北京林业大学等多所大学的校外教学和实习基地。我本人在清华大学、北京林业大学等校兼职授课，唐艳红女士是意大利米兰理工的

客座教授。此外，易兰与数所知名大学发起校企联合毕业设计，易兰的许多同事在其中成为毕业设计的企业导师，深度参与人才培养和理论研究。我自己也是常年坚持在做项目之余进行理论研究，每年都在核心期刊上发表论文。以上这些就是想说明易兰是一家有学术追求的企业，不轻易随波逐流，有长远目标和专业价值导向。易兰以社会的长远需求及价值为导向来发展自己，使企业能够在市场上保持一定的引领和先机。例如在我提出街景重构关注城市普通街边带的品质时，这方面基本上还没有形成市场，短时间内根本看不到盈利机会。但是，我觉得它应该得到城市管理者及设计同行们的重视，因此大声疾呼，推动这方面的研究和实践。在房地产居住类的景观市场正式高速增长，业绩爆发的时候，我们腾出一部分本可以轻松盈利的设计力量，投入到街景及城市空间的研究中，逐步积累，推动共识，形成今天的局面，也成就了我们的一些业绩。今天我们常听到一些同行们说到"转型"一词，我觉得转型应该是基于一种价值观的指引和长远目标的主动行为。

易兰倡导什么样的设计理念？你们的作品有哪些风格特点？

陈跃中：第一个是大景观理念，我是首先提出这一理念并付诸实践的。大景观主张用生态景观体系来构筑城市的骨架，强调城市发展与生态系统的协调共生。大景观规划设计理念强调城乡规划设计的整体性，由景观规划设计师担任设计领导者或协调者的角色，负责整个项目从始至终的全过程。这样的整体性设计模式消融了以往规划师、建筑师、园林师清晰分割的工作界限，能够有效地促成"规划——建筑——环境"一体化考虑，优化城市功能布局，提高城市功能与自然生态之间的良性关系。有利于促进城市空间的整体营建和良好生活环境的形成。景观规划设计师不仅仅是专业的工程技术人员，解决建造中的工程问题和创造优美的城市环境，同时也是协调者，在总体把握设计进程的情况下协调各个专业之间的配合，共同营造美好的人居环境。

我认为景观设计师可以对我们的环境所做的最大贡献正在于此。传统园林理论与技法，主要用于设计居住庭院环境，即使偶尔有面对城市环境的创作，也会局限于诗情画意的营造上。近现代的园林景观从业者，在继承了传统园林的优秀理论技法的同

时，大多缺乏行业对整体环境的关注，他们的理论和实践局限于中小尺度的营境造景上，缺少从整体上梳理景观资源与人居环境的意识和实践手法。在我看来，处理大尺度空间布局规划，是园林景观现代性的标志性体现之一。我不仅倡导这一理念，并且结合中国项目运作及行业管理的实际情况，提出了景观设计师参与从宏观规划到微观设计的具体路径和工作框架。在易兰多年的项目实践中运行并印证了这一框架的可实施性，对所参与的项目品质产生了有益的影响，也希望借此推进跨行业的良性发展。

第二个就是新自然主义风格的理念与风格。我个人更加喜欢尽可能发挥场地自然禀赋，"七分人工三分自然"的景观风格。在我个人的作品中，经常有意无意地模糊化人工材料与自然元素的界面，以达到两者的互融，相互掩映的效果。这种风格很适合文旅度假类型的项目，但在我的其他类型项目的设计中也有展现。所谓新自然主义，即是提倡主要依据场地的自然过程和自然面貌，尽最大可能让自然做功，设计尽量减少对原有场地的干扰。此外，应特别注重自然要素与人工要素的结合及其界面处理，尽量做到纯朴、干净。将人工要素设计得少而精，注重细节避免堆砌。而将场地的绝大部分空间留给地形、种植等自然要素。种植应呈现自然群落的简单纯净。

第三个是人本主义的设计理念和场景化设计方法。我倡导并践行使用导向、服务导向、功能导向的园林设计。景观设计应该从人本的角度出发，围绕着一个个鲜活的生活场景来做设计。人的需求是丰富多彩的，景观设计不应该千篇一律地从自我表达的角度出发，一味追求形式，而应该将每一个空间置于使用者的生活场景中去设计和考虑。这就是为什么我们的图纸上总是表现出人的活动，使用者的状态，路上有行人和汽车，广场上有人在开 Party，在活动。各种类型项目，服务的对象不同，目的不尽一致，设计师应该认真研究每一类项目的特殊性，遵从其内在功能需求，使用恰当的设计语言去塑造空间。一个旅游度假区对于景观的需求，与市区的公共空间是完全不一样的，它们也许需要呈现出迥然不同的景观面貌和风格意境，而这种不同正是来源于服务对象在不同时空状态下的不同心情、不同要求。设计师只有采取这种人本主义的角度去看待一个项目，

遂宁南滨江公园

才能把它做好。这样的设计师才能够做更具规模、更加复合的项目，做不同类型的项目。易兰的项目类型众多，却能够把握得很好，与这样一种人本主义，从使用功能出发的价值导向甚为相关。

2020 年的新冠肺炎疫情，是否给景观行业带来拐点？最大的改变将会是什么？

陈跃中：这次突如其来的新冠肺炎疫情，对社会各方面的影响都是广泛而深远的，冲击了人类健康、经济增长、社会发展、国家安全和国际关系等方方面面。疫情似乎为第三次全球化浪潮按下了休止符，世界经济陷入停摆，逆全球化加剧等。就目前形势来看，疫情使当今世界格局更加复杂，国际竞争加剧。我国虽然已率先走出疫情，但仍面临着疫情反复和国内外诸多复杂问题的危险，形势不容乐观。这将是未来行业发展的大背

景，我认为它会给行业带来拐点。

人类近代史上的几次类似的天灾，都曾经对我们这个行业产生过重大的影响形成拐点，同时推动了城市规划与景观设计理念的改进，17 世纪 60 年代英国的鼠疫，让伦敦反思了城市住房过度拥挤、公共卫生条件恶劣等城市问题，人们认识到城市需要更加开敞而通透的空间环境，建筑师雷恩在疫后重建中提出了"用宽阔的街道与开放的空间替代拥挤的建筑和小道"；18 世纪初蔓延于欧洲大陆的霍乱，催生了现代城市公园的产生，英国伯肯海德公园是世界上第一座由政府出资建造，为改善当时由于工业革命导致的大量工人聚集城市居住条件恶化的情况，而建造的第一个真正意义上的城市公园。我们今天所遭遇的新冠肺炎疫情也会是一个转折点，作为设计师，我们应该认真分析它将给我们的社会带来什么样的变化。我们的服务对象将会有什么样的新需求，反思我们以往的做法，主动做出一些改变，

增加街道慢行功能设施，让市中心的街道重新焕发新的吸引力

湖南常德老西门葫芦口夜景

成都麓湖红石公园竹隐园

为未雨绸缪做好准备，适应未来的城乡人居环境的变化。我觉得景观师时下可以关注这几个方面的变化和趋势：第一，健康安全将会成为绿地环境和公共空间的首要诉求，景观设计行业的主流价值观将向着努力打造健康安全和可持续发展的空间环境方向转变。第二，公众的生活诉求将回归简单纯净，新自然主义的审美或将代替奢华装饰之风。第三，以人为本的设计理念将进一步得到落实，意识形态化的文化表述将逐步让位于人本主义作为设计的出发点。

您大力倡导并推动景观设计师参与城市设计，提出"街景重构"理念，这其中有什么思考？

陈跃中：街道，作为城市公共空间的基本单元，长期以来在很大程度上被城市管理者及专业人员忽视了。由于长期得不到重视，我们的街边越来越破败，被各种占用所侵蚀，混乱不堪，难以满足现代城市公共空间的复合功能及品质要求，需要解决问题提升品质。与此同时，城市发展和人民生活水平的提升和改善，又赋予城市街道一些新的需求，这些新功能也需要对原来单一的线型街道空间进行调整和重构。在过去的几十年中，欧美的"去汽车化"潮流则提供了另外一种重塑街景的路径，这些国家深刻反思之前的大规模城市蔓延的各种弊端，认识到汽车主导下的街道使城市空间的活力尽失。为此他们提出了很多办法，其中最主要的措施就是增加街道的慢行功能设施，提高城市公共空间品质，让市中心的街道重新焕发新的吸引力。欧美国家积极的推动街景的建设，伴随着它们的城市更新（URBAN RENOVATION）运动，积累了很多有益的经验。

街景重构是个跨行业整合的概念，它不同于简单的街景设计。它所涉及的不仅是空间塑造、比例、材料等的考虑，还要考虑人气的汇聚，设施的使用，包括要对业态功能进行重新策划和分布，并且要与物理空间有机结合，互为依据。城市公共空间是市民生活的场所，设计要以一个个生活与交往的场景为蓝本来设定物理空间。功能单一枯燥的建筑群周边，是不可能产生丰富有趣的生活场景的，因此街景重构，必须包含对街区业态的重新梳理。城市设计要从街道这种最基本的单元做起。旧城的改造应该从普通市民的生活场景出发去进行设计。

需要注意的是，城市街景看似简单，实则是一个非常复杂的行业问题。街道是城市设计的一部分，街道的尺度可大可小，大则以公里计长度，小则仅限于很短的胡同小巷，但是街道却涵盖生态、人文、功能设施等方面的复杂内容。而且，街道涉及公共区域、半公共区域及私属空间的红线范围，街道管理权交织是个复杂的系统。街道空间与沿街建筑形成时而简单时而丰富的交界面，需要景观设计师认真地梳理与把握。因此，街道的重构需要在城市的综合功能、地域文化、形象品质、生态可持续性、功能设施系统、可达性、艺术审美等多方面进行统筹规划和设计。令人感到兴奋的是，近年来政府的政策导向越来越契合街景重构的客观需求，政府的推动力能够有助于推动城市公共空间的建设，推动整个城市设计的全面提升。规划师、建筑师群体作为城市空间设计的参与者，已经行动起来。自觉地以新视角审视他们的工作，希望通过他们的作品和努力影响和提升城市空间的品质。一些具有前沿思想的建筑师，在积极思考建筑与城市环境的界面重构。我想，相比这些兄弟学科，景观设计师在城市空间设计中的作用不可或缺。街景可以成为景观设计师参与和主导城市公共设计与提升的有力抓手。街道是城市生活的载体，也是城市空间品质的基本要素，景观设计师可以从重构街道空间，提升街边带的品质做起，参与到广阔而复杂的城市系统并从中发挥越来越重要的作用。城市公共空间需要景观设计师更多地参与，景观设计行业也需要新的方向和更加宽广的领域，而街景重构可以为这两端搭起桥梁。

您上面提到场景化设计，可否介绍一下什么是场景化设计方法？它适用于什么类型的项目？

陈跃中：场景化设计是近年流行的一个词，是当作一种景观设计手法来提出的，指的是从使用者的生活状态或交往的场景出发去想象应有的景观环境，从而完成空间设计的要素及设施的布局。一个空间需要多大？是开敞的还是偏于围合？以什么材料来围合空间，地形、植物、挡墙还是廊架？是流线型的时尚挡墙，还是毛石的乡土味的挡墙？配备什么样的家具设施？材质色彩如何选择？等等一系列的设计决定，都可以由使用者的生活场景的推演和假设获得较为明确的方向。消费时代树立了设计为人，空间为生活服务这一普遍的价值取向以后，场景设计作为公共空间营造的先导和概念表达就顺理成章了。二十年前我在美国工作时，就发现他们在做概念方案时，总是在手绘的概念表现图中画出很多人正在使用空间中的各种设施，不只是把人当作空间的尺度参考，而是画出各式各样的人物在设计空间中参与各种具体的活动内容。站着的、坐着的、围在一起的、演奏音乐的艺人、吃喝的同事、私语的情侣，等等。依我们当时的理解，表现图把空间设计出来画好了还要表达出这么多各式各样活动着的人，似乎是白费许多力气，究竟有多大价值。等到与甲方交流时，就会发现正是这一个个人物活动交往场景的生动表现，才能使方案的构思完整体现出来，使画面中的场地的尺寸、围合、风格等的设计语言变得有依据，设计更有说服力。想象生活中的故事情景，在方案构思之初起到很大的推动作用，在概念图上各种生活和交往需求，是如何在公共空间中发生的。利用生活中的片段和想象中发生的故事场景，演绎空间设计的布局及细节考虑，这就是以场景设计为导向的空间推敲过程。

场景导向的设计方法其实是以人为本的价值观在设计中的体现。在城市公共空间类项目设计及旅游度假类项目的设计中尤其值得倡导。因为这两类项目的使用者更加多元，行为更加复杂，需要我们更多地从故事场景出发去设定功能，营造特定的环境气氛。说到场景气氛的营造，景观设计应该更多地了解和介入室外软装、家具、小品等的设计，形成整体。特别应该提到的是在科技发达的今天，设计师应主动结合和应用数字影像及互动装置，更多地为场景氛围的营造服务，使空间设计更有代入感。

请介绍一下您的记忆系列作品。您是如何看待场地的公共记忆与城市空间的关系的？

陈跃中：城市是一本打开的书，从中应该可以读到深刻有趣的东西。在谈到城市空间的设计时，人们往往会首先注意到那些浮在表面上的显而易见的东西：绿化、铺装、建筑与景观的形式、舒适的座椅等。我往往对这块场地曾经发生和将要发生的故事感兴趣，我以为这两者存在着一定的关联性，越是有历史

沉淀的场所，在今天看来就越是有趣味。每一个个体对待一个场地的态度和感受是不同的，设计师的任务是找到所在地人们对这个地方的共同记忆和那些共同的感受，把它们用设计的手法延续和表达出来，就好像是找到地脉和灵魂一样。纽约高线公园的设计师面对将要被拆除的废旧铁道桥，不只是看到人们改变现状营造美好环境的愿望，还感受到了那些曾经日夜被这条铁路桥打扰的街区，大家对这条铁路的公共的记忆和深层的感情。在常德老西门葫芦口、麓湖红石公园、首钢星巴克、三里屯1949等项目的设计中，我们都有过这样的公共记忆的挖掘和考虑。

城市空间不同于私家的居住与生活领地，它不是少数人独享的物品，它也不应该只是设计师的即兴表演，它应该更加尊重所在地的历史传承与文化品质，使城市空间在人们的生活记忆中叠加和生长，像有灵魂的活物那样，延续了这种记忆中的情感，记录了城市的生长和变迁，为城市增加一处深刻而独特的空间。

您推动成立了中国第一家"城市街景设计研究中心"（SRC），请为我们介绍下这个机构。

陈跃中：SRC是由我及几位高校的老师共同发起成立的一家非营利研究机构。它是促进中国城市公共空间建设转型升级的产学研一体化的专业平台。该中心的研究从城市现存的问题出发，以街景研究为切入点，从城市生活的全方位角度针对城市街道的功能、业态、空间、尺度、生态和人文传统进行研究，以街景重构为命题，推动全方位城市公共空间的品质，推动建立以街道为主要骨干的城市慢行系统，改善街道的环境尺度，使之更加宜人，研究街景的构成与设施配置，促进街道空间成为城市生活的重要载体。研究中心不仅关注街道空间，还将目光聚集到城市的公共空间上，在更大的尺度上进一步引导城市修复，助力解决城市的实际问题。

城市街景设计研究中心已发展成为"产学研"一体化的研发型服务机构，针对以街景和开放空间为主体的研究分析，通过具体可操作性的规划设计实践，使理论得以有的放矢。以街景重构研究性为定位，易兰设计联合北京林业大学、西安建筑科技

大学、南京林业大学、哈尔滨工业大学等高校于2019年开始推进"校企联合毕业设计"，2021年更是将其扩展为六校一企的毕业设计。易兰将实践项目中遇到的问题整理出来，与各大高校的师生一起研究设计。易兰的设计团队充分借助高校具备的强大的研究分析能力，而高校则凭借着易兰提供的行业实践经验，多方群策群力，理论联系实际，教学付诸实践，培养新一代城市公共空间的设计师。

SRC所发起的这种"校企"模式可以同时发挥双方的优势，整合分析研究、设计方案与建造实施之间长久以来存在的隔阂，并且，在此过程中，通过及时处理特定的项目难题，并将之上升到理论研究的高度。因此，研究和实践这两个阶段就可以有机地结合起来。同时，街景的价值重构和空间再塑需要在多维度和多层次上展开。SRC的工作推动了景观设计在城市更新过程中的行业话语权，进而发掘出行业的巨大潜力，最终推动景观设计行业迈向新的发展领域。

其实无论是"街景重构"概念的提出，还是"城市街景设计研究中心"的组建，易兰设计的初衷均在于重新定义城市街景，提升城市公共空间的品质。最终通过努力实现让街道回归生活，让城市街道成为令人愉悦的人性化公共空间，满足人民日益增长的美好生活需要。

街景重构：打造品质活力的公共空间
Streetscape Regenerations: Place Making for the Quality Open Spaces

陈跃中 / Yuezhong Chen
原载于：中国园林，2018，11：69-74

城市街景对城市的文化、生态环境和形象展示十分重要，是城市景观的重要组成部分。现代城市街景设计经历了3次转型：1）从视觉到开发，奥斯曼（Haussmann）在1858年启动了巴黎改造工程，对城市重要节点进行连接[1]，设计了香榭丽舍大道等世界上第一批城市景观大道[2]；2）效率取胜[1]，交通量和车辆运行能力成为街道设计的基础[3]，道路成为城市的基础设施；3）共享街道，消费主义、街道平权运动、慢行交通和步行交通的回归，共同推动了街景设计的第三次转型[1]。简·雅各布斯（Jane Jacobs）在《美国大城市的死与生》中写道："当想到一个城市时，首先出现在脑海里的是街道。街道有生气城市也就有生气，街道沉闷城市也就沉闷。"[4]因此，城市街景设计对城市环境的美化、城市生活的体验，以及城市形象的展示具有重要意义。

20世纪70年代，出现了全球性的"去汽车化"变革运动。人们对街景的需求逐渐向慢行交通和步行交通回归，以步行适宜性（walk ability）这个衡量区域适合步行程度的指标为例，人们愿意为步行适应性高的邻里单元支付更高额的房屋费用[1]。荷兰首先提出设计生活式的街道（woonerf），随后英国的生活式街区（home zones）、美国的完整街道（complete streets），以及新西兰和澳大利亚的共享街区（shared zone）等街景设计相继出现，欧美各国在同一时期兴起了街道变革运动，综合考虑街道重构对环境、经济和社会因素的影响，选择可持续的街道重建方案[5]。在这次变革中，街景设计体现了"行人优先"的原则，重点强调街道不仅需要考虑为机动车规划便捷的行驶路线，更应加强行人对街道空间的使用。基于街道景观对居民健康、福祉[6]、邻里行为、认知和情感的影响研究，如何满足居民对安全的可步行街景需求[7]，逐渐成为国外街景研究关注的热点。

20世纪90年代，城市街景设计成为中国"城市美化"运动中的重要内容。为了提高城市发展的可持续性和宜居性，我国城市发展理念正在经历从"车行优先"向"以人为本"的转变。为了更好地实施街道变革运动，美国西雅图、旧金山、洛杉矶、纽约等地先后发布了街道设计导则。随后，世界各地也出台了相应政策，涌现了各种设计思路和设计导则，有的城市地区已经很成功地实现了目标，改善着恶化的环境；有的地区还在计划性地分阶段实施，并已初见成效。为了更好地响应"以人为本"的政策，"人性化"街道设计的研究和项目相继出现。《上海市街道设计导则》《广州市城市道路全要素设计手册》等资料，为街道改造提供了具体实施方法。以开放社区理念为契机推进城市设计的发展，街景设计可以作为现阶段加强城市设计的关键。传统的街景设计方式存在以下几方面问题：1）以"车行优先"理念主导的城市街景设计，设计对行人的步行需求考虑不足；2）重视景观视觉效果，忽视行人对街道景观设计的互动需求；3）街道景观与周边环境的融洽程度不佳；4）从设计者的思路出发，忽略了使用者的体验和感受；5）缺少对新功能的适应，对外卖、快递从业人员的使用和休憩需求考虑不足，未考虑共享单车的停放需求；6）缺少对街景设计规范化、纲领性的理论提炼。

通过长期的研究和实践，总结凝练出适应我国城市目前发展阶段、打破传统街道设计方式的街景重构五原则，分析街景设计策略，指出它是风景园林行业未来的研究方向之一，可以作为对现阶段我国城市街道设计的理论补充。街景重构的五原则有助于设计者、建设者和管理者以顺应时代发展需求的新视角重新认识街道空间，通过采取多元化技术手段来设计和塑造新的街道景观，使城市街道设施更为安全，功能更加合理，不仅能够承载城市的特色文化记忆，还能顺应时代需求，形成为人民服务的、充满活力的城市空间。

1 街景重构六阶段

街景是用来描述街道自然环境和建筑物的术语，指街道的设计质量及其视觉效果[8]。街景让人意识到街道是一个能让人参与各种活动的公共场所。街景作为城市文化内涵的主要展示窗口，可以直观反映城市的文明程度和文化内涵。街景能够从物质层面提供便利的出行服务，满足居民出行需求，同时也可以从精神层面为周边邻里单元搭建信息沟通交流的渠道，传承文化记忆。

街景重构分为6个阶段。1）前期研究：包括现状调研、需求分析、文化内涵、生态影响等方面。2）问题分析：通过前期研究，分析现有街景设计中存在的问题，以提供解决问题的具体设计成果为设计目标导向。3）街景重构原则：包括慢行连通、突破红线、多元包容、功能有序、文化表述5个方面。4）街景重构要素：包括建筑界面、道路设施、道路绿化、广告标识、夜景照明等。5）设计理念：包括以人为本、生态和谐、文化传承等。

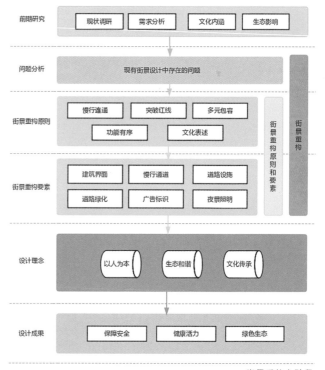

街景重构六阶段

以色列埃米尔林荫道（引自 https://www.gooood.cn/circling the-avenue-by-bo-landscape-architects.htm）

6）设计成果：保障安全、健康活力、绿色生态。

在街景重构过程中，可以有针对性地解决传统街景设计中存在的各种问题，合理利用街道空间，满足当今社会需要，有助于改善城市基础服务设施，激发城市活力，提升城市文化内涵，加强城市对居民的人文关怀，创造更加生态和谐的城市街景，从而重新塑造有特色的城市精神标志。

2 街景重构五原则

2.1 慢行连通——在城市人口密集区建立慢行网络系统

在老城区和已建成区中，建立城市绿色廊道：用慢行道、自行车道、慢跑道，把零星的、潜在的城市公共空间和城市公园连接起来，生态系统也随之建立和优化。

首先，进行街区慢行道的连接，这涉及市民出行的安全和便利性。近几年在国家政策的影响下，我国各地兴建绿道系统，并已取得了一定成效。然而新建的绿道很多分布在郊外，对于居住在城市中心的人来说距离较远，惠及的人数有限，没有改善城市中心区街道出行环境以及市民户外活动缺乏的问题，缺乏对老城区及已建成区绿色慢行系统的建立和梳理。

国外很多城市通过采用针灸式、见缝插针的方式梳理慢行系统解决老城区的问题。老城区因条件所限，设计要因地制宜，灵活连通慢行线路，不必追求标准断面和标准尺度。重点是要满足出行者便捷和安全的需求。例如，以色列埃米尔林荫道的慢行道改造项目致力于在公路旁的边缘化地带建立高质量的慢行道。

其次，连接公园绿地系统，提升城市公园的使用效率。中华人民共和国成立后，我国建成了大量公园和公共空间，却被围墙、城市道路分割，相互独立、分散，缺少联系。因此，将一些封闭的城市公园对外开放，使其变成城市公共空间，并用慢行道进行连接。在这方面，国外有许多先进的案例值得学习，其中美国的一些城市曾花很大气力在城市中建立绿道，例如在美国波士顿翡翠项链项目中，设计了一个长达16km的公园带，利用60~460m宽的绿地连接了9个绿地，通过连接带状公园的道路系统形成线性公园。

再次，对城市中被废弃或闲置的区域进行改造与连接，改善区域的生态环境，提高空间利用率。引入丰富的娱乐设施，塑造社交活动空间，重新规划安全舒适的慢行道及植物景观，让这些空间重新焕发活力，并与城市中心绿道系统相连接。对闲置空间进行再利用和连通已成为欧美国家城市更新的一项重要手段。美国纽约的高线公园是将曾经废弃的高架铁路改造成今天的线性空中花园，通过打造城市中心一条独特的架空慢行道，将区域内各个部分连接在一起，激发了城市的生活与交往的活力。

2.2 突破红线——开放界面，统筹设计红线内外的空间及设施

红线内外空间统筹规划可以打破原本僵直的人行道空间，改善高大围墙的硬性分割，形成有层次的空间系统，创造出更加生动的城市界面，使城市与社区更好地连接。

近几年，政府倡导开放式街区，要求未来街区设计打破围墙的限制，将建筑、社区、居民及城市公共空间更紧密地结合起来，这就要求设计师对未来街区形态做更深入的研究。

研究红线内外统筹设计的方式和方法，先要了解人对空间使用的心理及行为习惯。扬·盖尔在《交往与空间》一书中指出[10]，在城市空间中，边界区最受人们青睐，因为边界为观察空间提供了最佳条件。使用者既可以看清一切，又暴露得不多，可以同时看到2个空间，也可以与他人保持距离，获得最佳舒适感。依照这一理论，街道的红线区域作为城市道路的边界应该是行人休憩的最佳场所，在边界上设置休闲家具最便于让人们停留下来，产生交流。在安全性获得保障的前提下，空间界面越丰富，人们就越喜欢在此停驻。

依据对人行为习惯的研究，对于传统红线界面使用的围墙分割法，可以用更加丰富有效的手法替代，例如用形式多样的矮墙结合缓坡地形及层次丰富的种植，以条状街道家具形成空间界面创造街道微口袋，打破线型布置，为人们提供休闲及交往空间，使街道变得更有人情味。

北京的京东总部项目，将总部附属绿地与周边市政街道进行统筹设计，是将红线内外进行整体打造的一个成功案例。它不仅创造了高品质的城市空间，而且更好地展示了企业形象。设计既要考虑空间作为城市街道的公共性，又要考虑项目本身的领

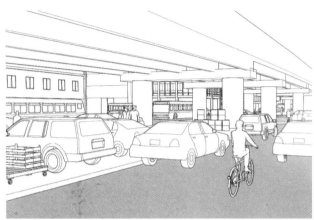

城市立交桥下空间增加慢行空间示意图[9]

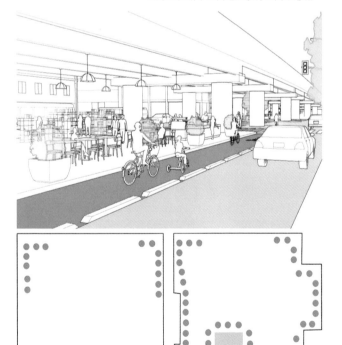

人们更愿意在空间界面的丰富的边界和角落停留和休息

红线界面做法研究

北京的京东总部项目统筹规划红线内外空间

域感，还需要把握城市街道的整体形象。规划后的场地可供百姓休闲、散步，在成为城市公共空间一部分的同时，利用空间收放设计使之具有一定的领域感，照顾到了公共空间与私属企业空间的过渡，形成了一个完整、多层次的公共空间体系。

欧美国家近年来"去汽车化"的街道设计将街道整体进行统筹规划，重新分配车行与慢行权属，反映出城市更新的新趋势。如美国印第安纳波利斯的佐治亚大街为了鼓励慢行出行，设计者将大街由原来的双向六车道，减少到双向两车道，在街道中间增设了公共空间，为行人提供了更多、更友好的街道服务设施。这样的做法，在一定程度上限制了车行、减缓了车速，增强了行人的安全性，增加了道路两侧的联系，创造出了更多的公共活动空间。

还有一种将街道统筹规划的做法是在两侧建筑和红线内空间不变的情况下，将直路改为S形路。这样的做法打破了传统单调的线性空间，使步行空间收放变化，增加公共活动和服务设施空间，同时有利于减缓车速，增加步行安全感，还在一定程度上改善视觉印象。

2.3 多元包容——多元价值观创造丰富的街道形态

不同街道由于承载不同功能，应该呈现不同面貌、配套不同的设施。通过历史、艺术、文化与人的活动进行多层次叠加，使街道空间变得更具特色、趣味并富有人情味。街景应该反映区域历史，融入邻里文化。街道应该有表情、有温度。

近年来，很多城市为树立形象而打造景观大道，不分大街小巷，设计相仿，缺乏地方及区域特色，也不能融入街边丰富多彩的市民生活，无法满足居民需求。这主要是由于城市过度注重形象工程，按照单一价值观行事的结果。

以人为本的多元价值观让人的生活重新回到街道，要求街道设计多元化，同时鼓励多样化的街边生活。因为街道是公共产品，是为大多数人建立的。不同的人在使用街道的方式上、构成要素上和形式上都有不同的诉求。多元价值观要求有多元的街道类型：既有整齐划一的形象大道，也应该有丰富方便的邻里小道。街道设计可以具有丰富的空间形态、设计语言和景观元素，维护城市形象不应靠缩和压缩街边生活。早餐摊、室外咖啡餐饮、街边带小商业等不应该"一刀切"地全盘取缔，而应该

在一些邻里街道上保留并融入景观设计[11]。只有这样，行人和居民才能将街道视为生活的载体，多元的利益诉求才能在街景中体现出来。德国伯布林根的新英里大道项目就很好地体现了多元包容的设计原则。大道串联了老街区的城市空间和建筑，为更好地与周边街区现状进行衔接和对话，采用了去秩序化、去中心化的空间布局，带给人们自由、舒适的体验。而在上空重复出现的悬吊灯圈装置，又赋予变化丰富的步行街以整体感和归属感，它为看似无序的空间提供了一种秩序。

2.4 功能有序——注重场地功能，满足社区变化新需求

运用空间艺术和软硬质景观手段组织街道功能空间，满足城市生活新需求。

由于长期忽略场地功能，今天的城市街道空间品质低劣，汽车、自行车挤占人行道的现象十分普遍，街道功能缺乏梳理。近几年城市生活新功能的出现又让原有的街道更加拥挤不堪。共享单车乱停、外卖快递小车侵占人行道等问题愈发严重，严重影响了市民的出行与生活。人们在街道上的活动越来越少，公共空间的品质与职能大幅萎缩。解决街道空间的根本方法就是重新梳理街道功能，使之井然有序，例如，为共享单车在自行车道旁留出充足的停放空间，方便存取；在建筑出入口附近为外卖、快递交接设置专门的送货空间，方便送货取货。这些功能空间的合理设计和布局可以从以下几个方面来考虑。

2.4.1 使用者和使用需求

不同的街道有不同的使用者和不同的功能，设计者需要调查和响应他们的需求。在不同社区，人群的构成不尽相同。不同年龄、性别的使用者，他们的行走速度与耐力不同，走路方式和感觉不同，需要的设施也不尽相同。一些人路遇亲友，需要暂时的停留交往；一些人喜欢聚在一起，唱歌跳舞；一些人饭后遛弯，期待进行放松身心的娱乐活动；一些人来到新的城市，准备探索发现新鲜事物；一些人需要使用推车或轮椅；一些人看不清标识或需要使用拐杖了解他们的使用需求，有助于提高慢行系统设计的实用性和合理性。

近些年城市街道被赋予了很多新的功能，这些功能为街道增添了新的使用需求——共享单车停放、快递送货、外卖送餐等。了解这部分人的使用需求和习惯，设置必要的专属空间，统

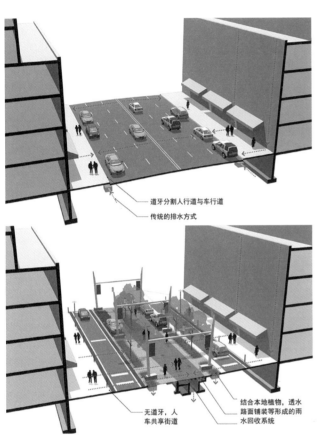

大街改造前后街景示意图（引自 http://www.ratiodesign.com/project/georgia-street-enhancements）

直路改 S 形路前后街道空间意向

筹场地设计，对于街边带的合理安排和利用具有至关重要的作用。

2.4.2 慢行道功能分区研究

根据使用功能，一般的慢行道可划分为 4 个区域：临界区、行人通行区、种植设施区和缓冲区。

临界区：靠近建筑一侧的区域，通常作为建筑的延续。包括建筑临街一侧的出入口、坡道和结构等，也包括植物种植、雨棚、指示牌和户外茶座等附属设施。

行人通行区：用来解决行人的快速通行问题，应保证畅通，没有任何障碍物，且与车行道平行。这个区域是人们进入建筑或乘坐公共交通的主要通道，因此需要满足无障碍设计规范，为行人提供一个足够宽度的安全行走空间。

种植设施区：道牙和行人通行区之间的区域。这块区域可以用于植物种植也可用来摆放街道家具和设施，例如路灯、系统化标识、公交车站和共享单车停车处等。当这个区域较宽时，生态种植和休息空间也可以设置在这里。

缓冲区：临近人行道的区域，由多种类型的不同元素组成。它可以包括路边停车位、自行车道、共享单车停车处、人行道延伸带、雨洪管理及临时路边活动空间。

慢行道功能分区不仅需要满足现代城市人的需求，还要根据城市的发展进行不断更新与调整，以满足不断出现的新功能需求。街道空间设计者应将共享单车停车处、快递送货站、外卖送餐平台、休息空间及服务性构筑物合理设置在街边带中，与沿街种植和街道设施有效组织在一起，避免街道功能相互干扰，提升街道空间品质。

2.5 文化表述——延续场地记忆，对接市民生活，打造街区特色

街道见证了城市的发展与演变，承载着丰富多彩的街区生活，串联着形态多样的建筑单体，蕴含着丰富多样的城市记忆，是邻里情感与社会的纽带，是体现城市和街区特色的重要载体。

我国的多数城市经历了快速发展、大拆大建，使城市街道形式趋同，缺少地方和区域特色，同时也缺乏对于城市街区文化记忆的发掘。

一些老街区承载着丰富多样的历史记忆。设计要让街道记忆得以发掘和延续，让保护与发展共存，使场所精神融入街景设计中。湖南常德老西门项目，在设计葫芦口区域时，以当地居民常见的"四水归堂"建筑庭院为灵感，利用竖向高差创造了下沉水院这一特殊的景观形式。运用现代景观的手法和材料再现了窨子屋四水归堂的记忆。在曾经的场地和空间布局中，融入了现代的元素和生活方式，让场地焕发了新的生机和生趣。

除了对文化记忆的发掘与表达，当下将市民的文化生活融入街区设计，打造有生命力的街道空间也非常重要[11]。市民的文化生活是随着社会的长期发展而形成的，鼓励街边高质量的文化生活，为他们提供适合的场地，对市民的身心健康有着积极的影响，也有助于展示城市发展的风貌。

在地性就是一种文化表现。研究使用者的生活习惯，使之更好地服务所在街区。每条街道所在街区都有其人群的文化特色，要把这些发掘出来，结合进街道空间和景观元素的设计中才能体现特色，呈现出丰富的街区形态[6]。北京望京 SOHO 项目中景观呼应其建筑标志性的流线型设计，利用动感、流畅的线条，既回应了建筑的形态风格，又在解决竖向的同时打造令人愉悦、尺度适宜、空间丰富的现代化办公商业环境和城市公共空间。在这个项目中，设计师打开场地有意让市民生活更多地融入其中。

3 总结

打造有活力的城市街道需要遵循街景重构的五原则，对建筑界面、慢行通道、道路设施、道路绿化、广告标识和夜景照明等街景重构要素进行全方位改造。在街道景观设计过程中，艺术家的参与可以丰富居民的视觉体验，增强街道景观的美感、艺术性、可识别性和独特性。通过对街道基础设施功能的整合与完善，以此为基础进行智能化改造，打造安全、节能、高效、便捷的街道生活场所。此外，从整体层面考虑将街道竖向铺装种植蓄排，运用可持续的生态手段打造沿街绿色基础设施，重塑自然生态系统的多样性和功能性，从而缓解城市生态环境压力，提升街道空间美感，提供自然生境科普教育基地。街道元素的打造有利于提升街道品质、展示街区形象，创造更吸引人

的街道空间。

街景重构的理念是在国家政策保障下，打破了传统街道空间设计方式，提出的合理、科学的规划设计原则。它的实施需要政府、开发商、社区和设计师的共同努力与协作，搭建多样化的团队进行街道空间的统筹规划。只有各方坚持"以人为本"，以将百姓的生活带回街道作为奋斗目标，贯彻街景重构原则，精细地打造、有效地管理，不断创新和完善监管机制，形成良好的制度保障和舆论监督，才能不断推动城市街道的转型和发展[12]。

参考文献

[1] 徐磊青. 街道转型：一部公共空间的现代简史 [J]. 时代建筑，2017（6）：6-11.

[2] 覃文超. 城市景观大道街景设计方法研究 [D]. 广州：华南理工大学，2013.

[3] 斯蒂芬·马歇尔. 城市·设计与演变 [M]. 陈燕秋，胡静，孙旭东，译. 北京. 中国建筑工业出版社，2014.

[4] 简·雅各布斯. 美国大城市的死与生 [M]. 金衡山 译. 北京：译林出版社，2006.

[5] Reddy K R. Sustainable Streetscape: Case of Lake Street in Downtown Oak Park, Illinois, USA[C]//Asce India Conference, Urbanization Challenges in emerging economies, Moving Towards Resilient Sustainable Cities and Infrastructure. 2018.

[6] Spokane A R, Lombard J L, Martinez F, et al. Identifying Streetscape Features Significant to Well-Being[J]. Architectural Science Review, 2007, 50（3）: 234-245.

[7] Foster S, Giles-Corti B, Knuiman M. Creating safe walkable street scapes: Does house design and upkeep discourage incivilities in suburban neighborhoods?[J]. Journal of Environmental Psychology, 2011, 31（1）: 79-88.

[8] Rehan R M. Sustainable streetscape as an effective tool in sustainable urban design[J]. Hbrc Journal, 2013, 9（2）: 173-186.

多元丰富的娱乐和服务空间

来源：开心每一天. 德国 Boblingen 公共空间改造. 2016-03-11 [2021-11-12]. http://bbs.zhulong.com/101020_group_201878/detail10133666/

[9] Global Designing Cities Initiative and National Association of City Transportation Officials. Global Street Design Guide[M]. Washington，2016.

[10] 扬·盖尔. 交往与空间 [M]. 何人可 译. 北京: 中国建筑工业出版社，2002.

[11] Montgomery J. Making a city: Urbanity, vitality and urban design[J]. Journal of Urban Design, 1998, 3（1）: 93-116.

[12] 上海市规划和国土资源管理局. 上海街道设计导则 [S]，2016.

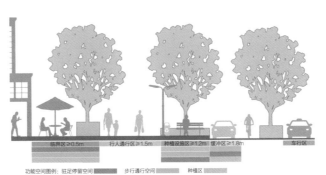

慢行道功能区划分及各功能区的推荐尺度和空间研究

窨子屋四水归堂的情景再现，层层叠叠的石台阶深受市民喜爱，在观音水上戏曲表演时，成了天然的观众席

临界区临近建筑入口处设置快递送货站，提供方便送货取货的便民服务设施

美国旧金山街头的乐队演出，吸引路过的行人自发参与舞蹈（引自：深度感受加州阳光热情：每一处风景都秒杀你的镜头！2019-09-11 [2021-11-12]. https://page.om.qq.com/page/OZM6-L_-dG1kAoPUed1FG_rA0 ）

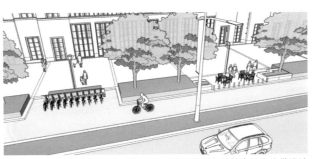

种植设施区的休息空间，种植区和共享单车停车处结合的街边带设计

北京望京 SOHO 项目利用丰富变化的空间设计语言

风景园林发展的当代性特征研究
The Unique Character of Contemporary Landscape Architecture

陈跃中 / Yuezhong Chen
原载于：中国园林，2017，09：46-51

在中国风景园林发展出现争议的大背景下，通过梳理当代风景园林不同的发展观，并结合案例对比分析，对当代中国风景园林的内涵进行定义。概括中国风景园林发展的当代性特征，其一是风景园林（景观）协调各相关专业主导大尺度区域总规及城乡片区规划；其二是生态保护理念与技术广泛应用并成为场地规划设计的基础；其三是设计对象经历了从独立花园到城市开敞空间，从满足单一休闲功能到服务城市综合功能的过渡。中国风景园林已经在当代性视野下进行了一定的研究和实践，但风景园林当代性还需要对时间、阶段和标志性的理论贡献与实践项目等内容进行界定。对其进行抛砖引玉地梳理和界定，以期引发行业学者对风景园林当代性的思考和研究。

1 当代中国风景园林发展观

风景园林学、建筑学和城乡规划学是人居环境科学的三大支柱，是生态文明和宜居环境建设的核心学科。随着改革开放引入西方规划设计理念和城市化的快速建设与发展，中国风景园林在全球化的进程中正经历着巨大的机遇和挑战。当前，风景园林规划设计领域出现了全球化视野下的世界园林发展观和以中国文化为根基的传统园林发展观等多元化思潮，在学科多元发展的背景下，准确定位当代中国风景园林的发展方向和路径，对于学科发展具有重要的划时代意义。

1.1 全球化视野下的世界园林发展观

从 20 世纪 80 年代开始，西方大量的优秀设计师和先进设计思想引入国内，"科学"和"生态"等理念开始频频出现在中国园林的实践和研究中，这对于中国园林的发展无疑是积极的。但如何辩证地学习西方学者及从业人员提出的城市雨洪管理、生态安全格局等技术手段和规划设计策略则是中国当代风景园林亟须解决的问题。

1.2 以中国文化为根基的传统园林发展观

西方现代园林的发展模式是否适合中国国情一直备受争议，很多学者认为中国园林应该具有诗情画意，入诗入画，如诗如画[1]。传统的山水美学和造园手法是风景园林的至高境界。园林设计中各景点的空间划分和循序而进的空间组合里，皆有其起、承、转、合的章法序列[2]，比如网师园布局合理、结构紧凑、建筑精巧、空间比例尺度协调，深含文化内涵和典雅气息。

随着风景园林学科的实践和研究领域大大超越传统园林的围墙，理论和实践中的生态环境等综合问题也超越了传统园林技术所能解决的范畴[3]。因此中国传统园林的服务对象、研究尺度已经发生了颠覆性变化[4]，如何引进新理念，并且在中国传统园林的延长线上进行发展成为当代中国园林发展的重要命题。

2 何为"当代中国风景园林"

"风景园林"一词产生于 1863 年弗雷德里克·劳·奥姆斯特德（Frederick Law Olmsted）在给纽约中央公园委员会信中的落款——Landscape Architecture[5]。1948 年国际风景园林师联合会（IFLA）成立时，出于对环境危机的应对，风景园林学科成为"一种与自然系统、自然界的演化进程和人类社会发展的关系密切联系的专门知识、专门技能和专门经验"。1865 年奥姆斯特德主持建设的为大众提供服务的纽约中央公园开拓了现代风景园林学的先河。1958 年奥姆斯特德和克尔弗特·沃克斯（Calvert Vaux）以"绿草坪"的设计从纽约中央公园 33 个参赛作品中脱颖而出，标志着美国的现代景观成为普通公众可参与的身心愉悦的空间[6]。易道（EDAW）创始人之一盖瑞特·埃克博（Garrett Eckbo）提出的"风景园林要为生活服务"，明确了风景园林的社会属性，作为风景园林师，他曾被纽约政府聘为专家，来帮助解决尼亚加拉大瀑布的水土流失问题。丹·凯利（Dan Kiley）将传统与现代有机结合起来，引发了后来被定义为"现代主义"的设计思潮。之后，詹姆斯·罗斯（James Rose）开创了一种独特的和非传统的景观思考方式，推动了风景园林创造性思维的发展。伊恩·麦克哈格（Ian McHarg）于 20 世纪中期以自然科学的视角指出了生态保护的紧迫性，对生态意识的觉醒有重要的推动作用[7]。随后，1978 年西蒙兹的《大地景观：环境规划指南》，也在麦克哈格《设计结合自然》后第一次全面引入生态学观[8]。这些西方学者、社会和学术机构都分别从风景园林的特征、属性和功能等方面推动了西方风景园林的产生和发展。

随着时代的发展，城市问题的更新，以及人类室外生活空间类型的多元化，风景园林规划设计和研究的对象已从花园到公园，又经历从园林—城市开敞地（园林、绿地、广场等）—风景区、湿地和国家公园等，后又拓展到整个区域景观格局，包含建成环境与风景环境在内，风景园林学的研究尺度不断拓展[9]，因此，中国风景园林行业也经历了"园林—城市绿化—风景园林"

的名称演变[10]。此外，当代风景园林师不再仅限于美学视角下的空间塑造，开始更多地从多学科视角探讨场地生态、环境、水利、地理和地质等更复杂的矛盾诉求，当代风景园林成为解决场地综合问题的桥梁和媒介，也是综合问题方案的物质空间载体。

在当代的语境下，全球风景园林在发生着巨大变化，而我们的本土风景园林也应形成当下的新秩序，国内风景园林一线设计师和学者对此发出了不同声音，如何在传承中华传统园林文化的基础上实现创新，合理解决城市不断涌现的问题是当代中国风景园林发展的关键。当下众多行业学者和实践者开始尝试中国风景园林当代性的探索，有的学者专注于传统手法的新中式表现，也有学者认为当代性应该更多地对西方的新手法、新技术、新材料进行借鉴，还有学者通过对建筑空间手法的转译进行当代性探索。总体来看，当前学者更多地从空间形式或技术材料上对中国风景园林的当代性进行研究，但未能从内涵和思想上对其进行深层次探索。本文尝试对中国风景园林当代性的阶段和标志性的理论贡献与实践项目等内容进行界定，以期从本质和内涵上探究中国风景园林的当代性特征。本文首先将当代的中国风景园林定义为改善人地关系，在多尺度的空间载体上，通过合理的空间和技术手段建造宜居环境的学科，其中宜居包含 2 个层次。

其一是生态宜居性，指风景园林可以应对城市高速发展带来的气候变暖、城市雨洪、土壤污染等生态环境问题，创造具有生态弹性的物质生存环境。此外，笔者认为生态宜居指的是人的生存环境，而非地球生态系统，生态系统本身具有较强的自我修复和演替性，而人类对于生态系统的作用是很微小的。

其二是文化宜居性，人既具有自然属性，也具有文化属性。中国人的生活环境中延续传统的中国造园思想是很自然的事，但同时，当代中国风景园林宜反映中国园林的创新性和批判性，代表着一种创新进取、自我批判的精神和造园实践[11]，也就是说它不应该是对中国传统园林的简单拷贝。

3 当代中国风景园林发展特征和途径

通过大量的实践和文献综述研究，笔者在此抛砖引玉，提出中国风景园林发展的当代性特征，其一是风景园林（景观）协调各

中国传统园林"网师园"（引自 http://sz.jschina.com.cn/qdsz/201403/t1433133.shtml）

2010 年上海世博园"亩中山水"项目中创新性的叠石理水方式

美国纽约中央公园（引自 http://desk.zol.com.cn/bizhi/1529_18648_2.html?winzoom=1）

相关专业主导大尺度区域总体规划及城乡片区规划；其二是生态保护理念与技术广泛应用，并成为场地规划设计的基础；其三是风景园林的设计对象经历了从独立花园到城市开敞空间，从满足单一休闲功能到服务城市综合功能的过渡。

3.1 大景观：风景园林协调各相关专业，主导大尺度区域总体规划及城乡片区规划

第二次世界大战后，美国著名设计事务所 SASAKI、EDSA 等就从尺度上拓展了景观规划设计的范畴，开始承担大尺度的规划项目，而从 20 世纪 90 年代起，以美国著名风景园林师詹姆斯·科纳（James Corner）为代表，风景园林师们提出了景观都市主义的理念，提倡风景园林的整体性，当代城市已经不再是中心化、高密度和由建筑主导的，绿地系统等开放空间成为组织城市经济和生活的主导性要素。在中国，笔者在 15 年前即首次提出"大景观"的整体性设计思维，并总结出大景观理念规划设计的工作流程，开始倡导景观规划与设计的整体性特征，在设计范畴上推动了中国当代风景园林的发展。

风景园林设计工作在区域规划—城市规划—城市设计等不同领域中起到有机联系的作用，在构建城市生态风景系统、片区规划与城市设计、城市开敞空间与组团景观系统上起到主导性作用。因此，当代风景园林不能与"造园"以及"环境小品设计""种草种树"等同起来。当代风景园林应该是区域规划和景观生态规划的制定者，城市规划和综合规划决策的参与者。风景园林规划设计不应仅注重物质环境，而应强调以人为本的社会目标、生态观念、文化多元等。因此，风景园林作为维持城

市可持续发展的绿色综合体，风景园林师应该发挥在解决场地综合问题中的桥梁作用，与多方合作，探讨场地生态、环境、水利、地理和地址等综合问题，发挥其在带动社会经济发展、维护生态环境等方面的重要运用价值，成为影响城市发展的重要内容和必要手段。

3.2 生态观：生态保护理念与技术广泛应用，并成为场地规划设计的基础

随着城市化的推进，环境污染、洪涝灾害、热岛效应和生物多样性丧失等一系列生态和环境危机出现，当代风景园林学科的实践和研究领域已经大大超越了传统园林，理论和实践中都面临着生态环境等综合问题。麦克哈格于 20 世纪 70 年代开始提出生态规划，他倡导保护环境资源和在城市建设发展过程中实现生态的可持续发展。在研究中他模拟建立华盛顿地区的生态开发模型，预测出在不加控制的无序开发模式下数十年后的城市发展状态。他认为这是一种忽视固有的生态平衡且不适合城市发展的模式。主张在城市发展中要以确切的基础资料为依据进行评价，将城市土地分为适合使用的地区和具备保留价值的城市区域[12]。基于此，他在城市适合度基础上提出城市发展适合度评价，制定出华盛顿地区 2000 年的放射状走廊式规划。他提出将地质、地形、水文、土地利用、植物、动物和气候等要素作为开发选址的评价因子，通过多层叠加进行综合适宜性评价。当前中国也正在经历类似的转变——以区域自然环境与自然资源适宜性的等级分析为核心的生态学框架，通过科学的分析方式和合理的竖向设计去解决场地生态问题，其已经成为

规划设计的重要支撑。

尽管在中国传统园林中也涉及雨洪管理等生态措施，例如在颐和园后山通过拦、阻、蓄和导等综合设施和手段解决雨洪问题，但随着城市生态问题的逐渐恶化，生态在场地中所占的比重越来越高，如何在传统的生态智慧基础上，吸收西方当代科学的分析方法，根据场地大生态环境的分析整体认知，以场地生态敏感性为依据综合评估场地不同区域的雨洪风险、土地安全和生物迁徙阻力等因素，引导场地合理分区和交通组织等环节显得越发重要。

规划设计需要明确保留水敏区、生物迁徙廊道等不适合建设的区域，并通过合理的地形设计、植物配置引导场地的生态过程，让自然做功。例如雨洪管理已成为当今统筹生产、生活、生态，提高城市发展的宜居性，制止对城市生态系统内山体、河流、海岸、湿地、植被、土壤等的一切破坏行为，调整城市土地使用的模式，实现可持续发展的重要模式。同时，要考虑的景观与建筑等其他场地因子间的融合性，通过一种整体性思维重塑场地自然环境。易兰设计也在多年的规划设计实践中将生态理念与技术广泛应用，并将其作为场地规划设计的基础。易兰设计完成的北京兴华公园、北京温榆河生态走廊在水体修复方面，秉承"全局着眼、流域统筹、尊重水系自然演替规律"的理念，采用水质净化、植被恢复、生境重塑等修复方法，重点对河流水系的生物多样性、河道形态、污染水体、硬质驳岸等进行修复。清华大学刘海龙完成的清华胜因院改造，北京大学俞孔坚完成的哈尔滨群力公园、迁安三里河公园等在场地的雨水管理方面做出成功的示范，清华大学郑晓迪在棕地生态技术应

用方面提出"棕色土方"[13]，同济大学刘滨谊的城市小气候和西安建筑科技大学刘晖的"南门花园"生境营造，这些都从实践和研究层面大大推动了当代中国风景园林生态性的发展。

3.3 公共性：设计对象经历了从独立花园到城市开敞空间，从满足单一休闲功能到服务城市综合功能的过渡

随着风景园林关注问题和研究尺度的变化，其设计视角也从关注空间艺术到关注城市功能，从关注物质空间艺术到更加关注满足场所的公共性和满足公众利益的综合实践。其核心表现是设计对象经历了从独立花园到城市开敞空间，功能从满足单一休闲功能到服务城市综合功能的过渡。具有开放性的当代城市公园，应在满足人们休闲游憩功能的同时兼具人文传承、防灾避险等多方面作用。1846 年，英国伯肯海德公园建成，成为世界上第一个真正意义上的开放性和公共性的城市"公园"。美国风景园林师奥姆斯特德利用自然环境创造绿色开放空间，利用带状绿地串联分散各处的大型面状绿地，为市民提供公共性的绿色游憩空间。在中国，政府和风景园林师也共同推动了公共空间的发展。由易兰设计和扎哈·哈迪德建筑事务所合作完成的望京 SOHO 建成后，成为北京重要的公共开放空间，同时也成为北京门户的新地标。设计通过动感流畅的线条，创造了尺度适宜、空间丰富、功能复合的人性化广场。流畅的景观和夜景照明为市民提供了一个开放式的生活舞台。流畅的绿岛围合出了一系列的开放场地，每一块场地都具有一定的功能，活动场、运动场、咖啡座、慢跑道和植物游园既相对独立，又彼此联系。这里是为市民创造的表演舞台，为不同群体的锻炼、健身、聚会等活动提供了理想的场所。

自 20 世纪 60 年代开始，西方兴起了致力于研究使用者心理和外界环境之间相关性的"环境行为"学，而以环境行为学为基础营造契合使用者心理的宜人环境成为风景园林规划设计的另一核心[14]。梁鹤年提出"城市人"理论，同样是对规划设计中人本主义的认知，规划设计是满足聚居人理性追求空间接触机会的理性规划，其实践的焦点在于获取"上令下达、下情上传"的民主规划机制[15]。如何根据不同场地游人的心理、习惯、爱好、需求等，合理布局场地的游憩体系（道路、场地、服务设施），体现人文关怀，对于场地使用率和受欢迎程度至关重要。在当代，环境心理学仍旧是人文地理学、城乡规划学等学科的

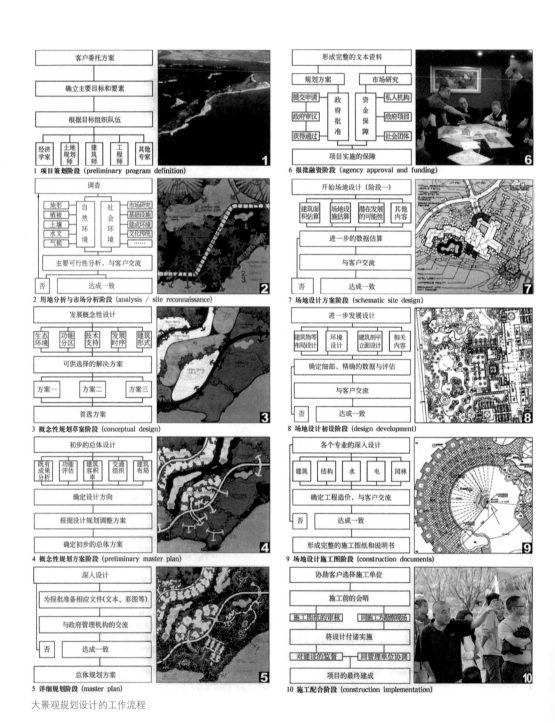

1 项目策划阶段 (preliminary program definition)
2 用地分析与市场分析阶段 (analysis / site reconnaissance)
3 概念性规划草案阶段 (conceptual design)
4 概念性规划方案阶段 (preliminary master plan)
5 详细规划阶段 (master plan)
6 报批融资阶段 (agency approval and funding)
7 场地设计方案阶段 (schematic site design)
8 场地设计初设阶段 (design development)
9 场地设计施工图阶段 (construction documents)
10 施工配合阶段 (construction implementation)

大景观规划设计的工作流程

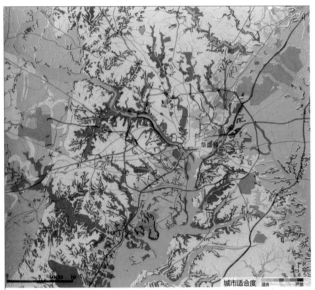

伊恩·麦克哈格的生态规划理念指导城市建设发展

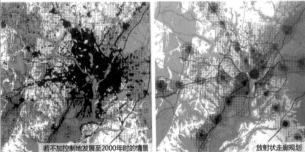

南浔华夏产业新城项目中的生态学框架指导场地分析

重要研究内容，而多种粒度的大数据类型的出现，如适宜大尺度研究的公交刷卡数据，小尺度中的百度热力图、手机数据等成为环境行为学研究的重要支撑，通过大样本数据的分析，反映全龄的需求，实现合理的功能布局，是当代中国风景园林人本主义的体现。

另一个设计案例——麓湖红石公园，位于四川成都南部麓湖总部经济及创意产业发展片区的中心地带，占地面积 11hm²。红石公园坐落在 5 个居住区组团中间的谷地上，如何确立社区环境认知，构建务实的游憩服务体系，满足娱乐玩耍、社交集会等多样需求是设计的关键。设计将其定位为"功能完善的独立型生态综合社区公园"，设计师出于各年龄层"用户"复杂需求的满足，关注社区居民健康。基于以上分析，设计团队力求通过各项设计元素激发周边居民的户外生活热情。为满足全龄化的花园游览需求，公园核心的太阳谷区域便生成了以满足儿童和青少年活动需求为主的七彩游乐园、全龄向的阳光草坪、中央烧烤区、以中老年人活动为主的香樟棋语林、石生灵泉等丰富的空间类型和功能布局。麓湖红石公园满足了空间多样性需求，营造丰富的空间氛围，再现了场所精神，其设计实际也是风景园林主导城市开敞空间的范例，同时诠释了风景园林的主导性特征。

4 结语

随着社会经济的发展，生态环境的逐渐恶化，风景园林所涉及的范围及应对的问题也更加多元化，风景园林作为解决城市问题的重要空间载体，应在保证中国传统园林生命力的同时，去适应城市复合系统的动态变化。在当代中国风景园林的实践和研究中，规划设计师应创新、批判地看待新鲜元素，将中国古典园林造园艺术的精髓与当代社会经济发展需求相结合，学习西方先进景观元素和技术，传承传统造园手法，不断提升风景园林系统的生态弹性和文化稳定性。无论时代如何发展，风景园林的核心价值是在保护自然环境的前提下，在适当的空间和技术手段下实现对人地关系、人居环境的改善，其最高层次是实现生态宜居性和文化宜居性的高度统一。

参考文献

[1] 孙筱祥. 生境·画境·意境：文人写意山水园林的艺术境界及其表现手法 [J]. 风景园林，2013（6）：26-35.

[2] 孟兆祯. 园衍 [M]. 北京：中国建筑工业出版社，2012：57.

[3] 杨锐. 风景园林学的机遇与挑战 [J]. 中国园林，2011（5）：18-19.

[4] 杨锐. 融贯型互动式多尺度公共性：清华大学风景园林教育思想与实践 [J]. 中国园林，2008（1）：6-9.

[5] 王晓俊. Landscape Architecture 是"景观/风景建筑学"吗？[J]. 中国园林，1999（6）：46-48.

[6] 中国园林博物馆，易兰规划设计院. 美国风景园林之路 [M]. 北京：中国园林博物馆，2016：36-41.

[7] 刘新宇，刘纯青. 伊恩·麦克哈格与约翰·西蒙兹生态思想比鉴 [J]. 风景园林，2015（8）：106-111.

[8] 王欣. 美国当代风景园林大师：J. O. 西蒙兹 [J]. 中国园林，2001（4）：75-78.

[9] 成玉宁，袁旸洋. 当代科学技术背景下的风景园林学 [J]. 中国园林，2015（7）：15-19.

[10] 王绍增. 风景园林学的领域与特性：兼论 Cultural Landscape 的困境 [J]. 中国园林，2007（11）：16-17.

[11] 陈跃中. 传承文人情趣，彰显当代精神：探索当代文人园之路 [J]. 中国园林，2016（6）：40-44.

[12] Mcharg I. Design with nature [M]. Doubleday/Natural History Press, 1971: 155.

[13] 刘海龙，张丹明，李金晨，等. 景观水文与历史场所的融合：清华大学胜因院景观环境改造设计 [J]. 中国园林，2014（1）：7-12.

[14] 陈跃中. 当下场地设计的三个缺失 [J]. 风景园林，2011（3）：57.

[15] 梁鹤年. 城市人 [J]. 城市规划，2012，6（7）：87-96.

崇礼翠云山国际旅

蠡湖产业新城概念规划及重点区域城市设计

嘉兴城市核心区南湖纪念馆轴线规划设计　　郑州市油坊庄　　葫芦岛首开国风海岸项目概念规划设计　　佛山东平河

长春莲花山生态园概念规划　　东莞33艺术小镇　　厦门原石滩国际社区　　成都未

大连国际海洋生态城　　山东潍坊 欢乐海岸　　秦皇岛海港区

河南南阳城市新区水系及景观系统设计　　留仙洞战略性新兴产业总部基地　　中国武隆生态游乐城　　厦门原石滩

1

新城新区
New City and New District

新城新区规划建设正在中国各大城市蓬勃兴起，成为决策者和城市规划者关注的热点。城市不仅是人类生存发展的物质载体，更应该是社会文明演进的精神载体。中国的新城新区，是一种广义的概念，是为了满足政治、经济、社会、生态、文化等多方面的需要，通过主动规划，投资建设而成的相对独立的城市空间新单元。新城新区包括：经济特区、经济技术开发区、产业新城、高新技术产业开发区、旅游度假区、高铁新城、智慧新城、生态低碳新城、科教新城、行政新城、临港新城、空港新城、物流园区、工业园区，以及大学科技园等多种类型。

新城新区的规划设计，可为社会各产业提供合理的空间载体，还可以促进区域经济和环境提升，增加就业机会，通过合理的布局产业所需的各项必要空间环境促进新产业链的形成。更重要的是，新城新区的规划设计可以促进各产业特别是第三产业的活跃性，进而对城市的发展起到关键性的指导作用。

21世纪的城市面临着重大挑战，包括社会和经济分层，资源的消耗浪费，交通拥堵和环境恶化。新城新区规划设计需要综合考虑各个因素，既要满足城市局部快速发展的需求，也要满足总体城市结构调整的需求，以及产业发展、生态环境和谐共生、可持续发展等需求。规划设计需要对当下现实利益和长远发展利益进行协调，优化和调整城市功能布局。易兰在新区规划设计中，崇尚"创新、协调、绿色、共赢"的规划理念。不盲目追求规模与数量，而是更多地考虑使用者的需求与体验，根据本地特征规划产城融合发展且与主城区协调统一，美而精的绿色发展品质新区，提高地区综合发展竞争力。

值得注意的是当前政府倡导公园城市的理念，强调城市人工环境与绿色生态环境的互融共生。为市民提供优良的生活工作环境已成为城市规划的重要目的和职责。易兰一直倡导并践行的大景观设计理念及其手法，即主张在规划层面构筑生态基地，绘制城市发展与公园系统穿插互动的蓝图。这一理念和方法也为景观规划设计师提供了更为广阔的发展空间，值得继续深入研究和实践探索。

新城中心区域建设不可避免地会遇到原有空间的改造与利用，这也成为在新城新区设计中需要重点考虑的问题。通过重构城市公共空间，增加步行网络，提升外部环境的可达性等策略，可以将生产空间转换为生活空间、体验空间；通过规划设计在以下几方面可以体现城市的可达性、连通性、综合性、宜居性，以及可持续性；通过建筑风格多样化、休闲娱乐化以及绿色出行生态化等手法，创造一种新的城市公共空间设计美学体验；从而有效的引导城市空间的战略转型。

城市发展与生态系统协调共生
Coordinated Development of City and Ecosystem

南浔华夏产业新城
Nanxun Huaxia Industrial New Town

鸟瞰效果图

项目位置：浙江省湖州市
项目面积：2400 公顷
景观设计：易兰规划设计院
委托单位：湖州皓泰园区建设发展有限公司

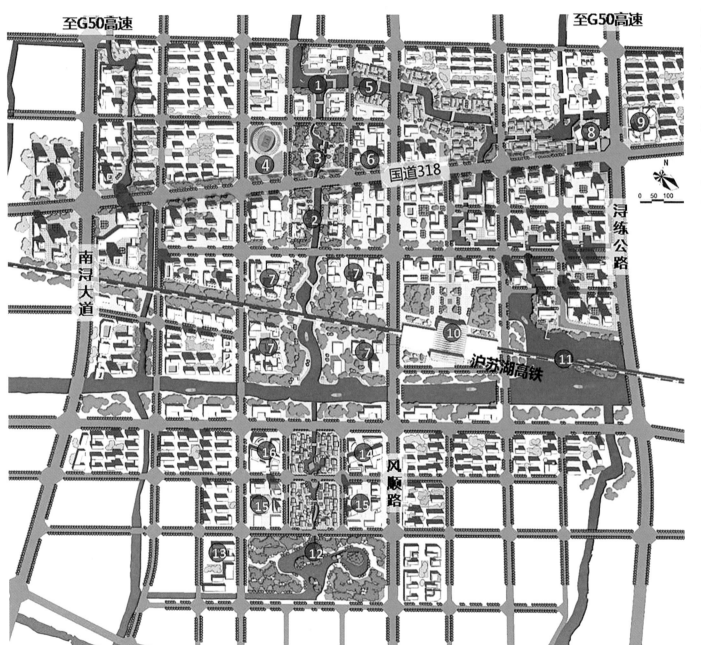

至G50高速
至G50高速
国道318
浔练公路
南浔大道
沪苏湖高铁
风顺路

北区重点区域城市设计平面图

南浔华夏产业新城项目位于湖州市南浔东部片区，处南浔城区以南，乌镇西北的苏浙两省交界处，分南北两块。北区面积约 2400 公顷，北至新 318 国道、联谊路，南至三环南路，西至南浔镇与双林镇边界，东至辑里古镇。

南浔素有"鱼米之乡""丝绸之府""文化之邦"的美誉，被誉为中国江南的窗口。这里人杰地灵、物华天宝、历史悠久，并且汇聚了中西文化、儒商文化、湖笔文化、园林文化、古桥文化等众多文化于一身。在湖州市总规执行的近 10 年时间里，南浔区随着区域格局变化，发展模式转型等情况的不断出现，产业发展面临转型升级的需求，从而使得南浔区相关规划内容亟待深化和细化，以适应南浔区的发展。为此，易兰规划设计院为华夏产业新城北区进行了概念规划设计，根据南浔区的自身溯求，对南浔进行全域发展规划研究，希望通过"浔练乌一体化"的机遇，通过完善和提升城市功能，将南浔打造成一座宜居、宜业新城。

梳理区位优势

南浔区隶属于浙江省湖州市，属上海都市圈和杭州都市圈的新兴城市。地处杭嘉湖平原北部，长三角沪苏杭中心，南连省会杭州，北濒太湖，东接苏州、上海，西上直达南京。2020 年沪苏湖高铁开通后，沪杭苏三大城市至南浔时间将大大压缩，南浔站将成为通往乌镇的新门户，成为"浔乌一体化"的新契机。

挖掘文化资源

南浔这座文化古镇，有着深厚的文化积淀。是一片河流纵横、湖漾密布的江南水乡，也是一座中西合璧、园水相依的"江南大宅门"，一支湖笔书写了半部中国文化史，运河、园林与古桥中又蕴含着古韵悠悠的江南文化。如今，南浔文化被赋予了新的生命力。文化创意、文化旅游、传统艺术等产业项目都成为南浔发展的新驱动。

产业规划导向现代产业快速发展

南浔的先进装备、金属新材、绿色家居、生物医药、新能源、特色纺织六大特色产业引导着湖州市的产业发展；战略性新兴产业增幅居湖州市第一；高新技术产业占比居全市第一。规划区临近产业聚集区，具有优越的发展环境，易兰规划设计团队通过交通、资源、生态、文化、产业等多方位的研究与规划，以实现"寻练乌一体化"的总体发展目标。同时借势高铁，进行产业升级，打造宜居宜业新城。易兰规划团队紧紧扣住南浔自身"中西合璧、开拓创新"的精神文化内核，同时围绕以"人"为核心的规划理念，将南浔北区定位为：太湖南科技高铁新城、长三角中西合璧水乡。

"大景观"构建城市骨架

易兰规划团队秉承"大景观"的理念，主张用生态景观体系来构筑城市的骨架，强调城市发展与生态系统的协调共生。规划团队首先构筑生态景观的骨架基底，在此基础上，形成城市组团和公共空间体系，以生态景观系统的规划为城市赋能、赋形。

1. 交通规划

通过梳理区域交通体系，提出"五横四纵一环高"的路网规划结构。旨在促进南浔区更好地融入长三角区域交通大格局。

2. 生态系统规划

南浔总体地势南高北低，西高东低，南北廊道格局清晰。易兰规划团队以环太湖大生态格局为指引，通过各因素综合分析导出用地适宜性评价，提取生态敏感性区域，构建全区绿色生态基底。结合海绵城市策略，疏通断头浜，修缮狭窄的老河道，整合鱼塘，将其变成湖泊或者湿地，重建蓝色水网。同时，对接宏观区域规划，形成各级绿地体系。将北区构建为以"基底—蓝网—绿脉"为主导的生态发展模式。

3. 文旅产业规划

在大文旅方面，易兰规划团队通过对南浔区全域范围内丰富特色资源的梳理和整合；连通水、陆游线，串联浔乌一体化文旅走廊及周边重要项目，建立起一体化的交通体系，使南浔古镇、乌镇两大古镇得以连通。在此基础之上，配套生态旅游休闲服务和健康养生产业设施，策划特色文化旅游项目，建立完善的现代旅游和生活服务体系，形成南浔"文、镇、水"一体化的特色风貌。

4. 突出地域特色

南浔北区处于湖州城市发展带上，北区路网呈方格网布

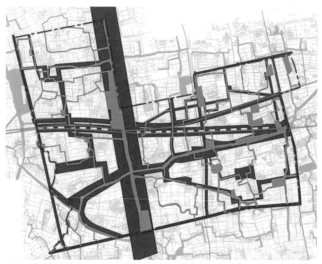
形成完备绿地体系：对接宏观区域规划，形成各级绿地体系

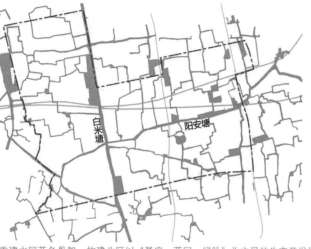
重建水网蓝色骨架：构建北区以"基底—蓝网—绿脉"为主导的生态开发模式

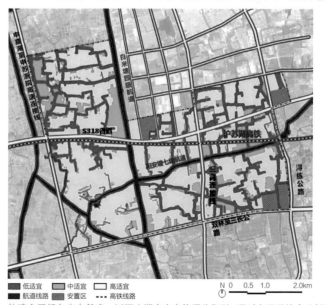
构建全区绿色生态基底：以环太湖大生态格局为指引，通过各因子综合分析导出用地适宜性分布评价，构建全区绿色生态基底

图例：低适宜 中适宜 高适宜 航道线路 安置区 高铁线路　N 0 0.5 1.0 2.0km

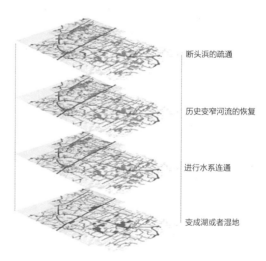
一级绿网
二级绿网
生物廊道
都市海绵体
气候调节风廊

断头浜的疏通
历史变窄河流的恢复
进行水系连通
变成湖或者湿地

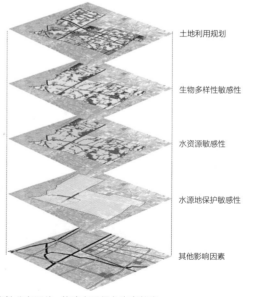
土地利用规划
生物多样性敏感性
水资源敏感性
水源地保护敏感性
其他影响因素

局，南区处于湖州农业生态区，路网布局自然而蜿蜒。易兰规划团队根据不同的地域特点将北区规划为有别于南区生态原乡的魅力都市，南北差异化发展，形成真正的魅力南浔。

5. 梳理功能网络

南浔现有市政功能配套较为薄弱，无法支撑未来新城建设，城市公共配套设施不完备，城市吸引力不足。在现有市政功能基础上，易兰规划团队提出构建新型城市配套网络，以满足不断扩大的城市需求。通过合理的城市功能布局，为南浔居民提供宜居的生活环境。

清晰的规划结构

易兰规划团队提出以城市中心区为核心，以公园岛链系统为绿色网络，利用城市中保留下来的生态水廊，同时利用孔雀城分期分区发展的市场理念，植入城市配套设施，社区公园、绿地邻里公园为南浔新城带来生态、宜居、宜业的新城环境。方案利用城市发展轴，打通南浔大道，以强化"高铁核心区"与"老城区"及"孔雀城首开区"三者之间的联系。利用规划的交通网格，进一步将新城核心区、品质生活区、科创园区产业片区及公园岛链串联在一起，形成"一心、一带、三横四纵、多片区多节点"的规划布局。

新城建设应注重保留历史记忆和古城风貌

Project Brief

Nanxun Newtown is a 2400-hectare project that proposed to make the city center the core of the islands park's green network. It utilizes the existing ecological water corridors while considering the phased zoning development of the city's supporting facilities. The plan proposed an urban development axis to open up Nanxun Avenue in order to strengthen the connection between the "high-speed rail core area," and the "Peacock Community Development Area."

效果图

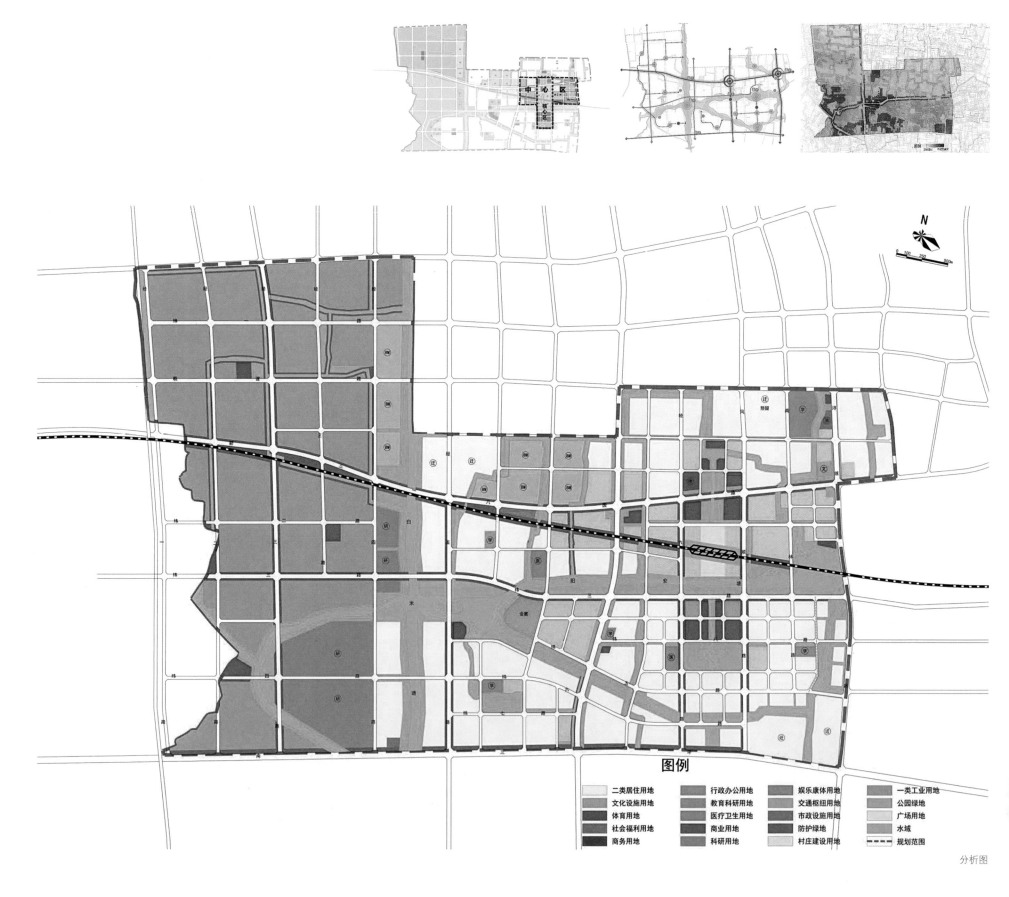

图例

二类居住用地	行政办公用地	娱乐康体用地	一类工业用地
文化设施用地	教育科研用地	交通枢纽用地	公园绿地
体育用地	医疗卫生用地	市政设施用地	广场用地
社会福利用地	商业用地	防护绿地	水域
商务用地	科研用地	村庄建设用地	— — 规划范围

分析图

生态、人文交相辉映的科技园区

南炼记忆，未来之城
The History of Nanlian Refinery, The Future of the City

四川南充市中央商务区规划设计
Planning and Design of Central Business District of Nanchong City

鸟瞰效果图

项目位置：四川省南充市
项目面积：149 公顷
规划设计：中国城市规划设计研究院
　　　　　易兰规划设计院
委托单位：南充市顺庆区人民政府
　　　　　南充市自然资源和规划局

① 南炼艺术中心
② 南充石油博物馆
③ 油罐花园
④ 饮食文化馆
⑤ 美食长廊
⑥ 印象·南充实景演艺馆
⑦ 虚拟现实体验馆
⑧ 舞曲戏剧数字博物馆
⑨ 纲艺馆
⑩ 技艺主题馆
⑪ 居住小区
⑫ 北辰悦里小区（现状新建小区）
⑬ 大进车业小区（现状新建小区）
⑭ 商住混合用地
⑮ 公交枢纽
⑯ 运油纪念馆
⑰ 规划小学
⑱ 国际酒店
⑲ 南充大厦
⑳ 商务办公
㉑ 公寓
㉒ 企业商务园
㉓ 商务区空中连廊
㉔ 南充云中心
㉕ 商务中心休闲广场
㉖ 商业综合体

总平面图

南充是成渝都市圈——川东北区域的中心城市，目前已规划形成四大商务中心。本项目地处顺庆区燕儿窝地区，所在的北部行政中心片区是"南充向北、顺庆向上"的主要实践地，目标是要建设辐射川渝、领先西部、全国一流的城市中央商务区，将考虑多个商务区的定位协调，激活片区特色，突出核心竞争力。

设计团队对该项目规划定位为功能混合、多元开放的中心活力区，不仅服务于本地，也要辐射川东北地区的中央文化商务区，以文化交往、休闲消费、多元商务为主要业态，打造南充面向未来的CRBD，充分体现南充文化内涵，发扬南炼精神，汇聚南充文化，塑造魅力磁极。以绿化养城，营造"山围翠合水重云"的生态基底，建设一个代表南充生态文明建设的绿色之城；以人文兴城，复兴川东首府"小成都"的熙熙攘攘，营造一个体验南充文化魅力的活力之城；以产业富城，引领建设引领南充产业转型，打造一个集约化、集聚化、多元化的创新之城。

Project Brief

The design team's planned project is centrally positioned in a dynamic area with mixed land-use functions and multiple open spaces serving the local area. It shall attract the central cultural and business district in northeastern Sichuan, and create a new future Nanchong with culture and leisure lifestyle, commercial consumption, and diversified business. The area fully embodies the cultural connotation of Nanchong, carries forward the spirit of Nanchong's culture, and creates a charming polar magnetism. To cultivate the city with greenery, create an ecological base of "mountains surrounded by green water", and build a green city representing Nanchong's ecological construction and civilization; build the

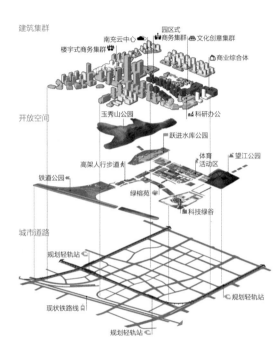

建筑集群

楼宇式商务集群
南充云中心
园区式
商务集群
文化创意集群
商业综合体

开放空间

玉秀山公园
科研办公
跃进水库公园
高架人行步道
体育
活动区
望江公园
铁道公园
绿榕苑
科技绿谷

城市道路

规划轻轨站

现状铁路线
规划轻轨站

规划轻轨站

vibrant city full of cultural charm of Nanchong; transformation of Chengdu South with a new opportunity for business and entrepreneurship and create an intensive, agglomerated and diversified city of innovation.

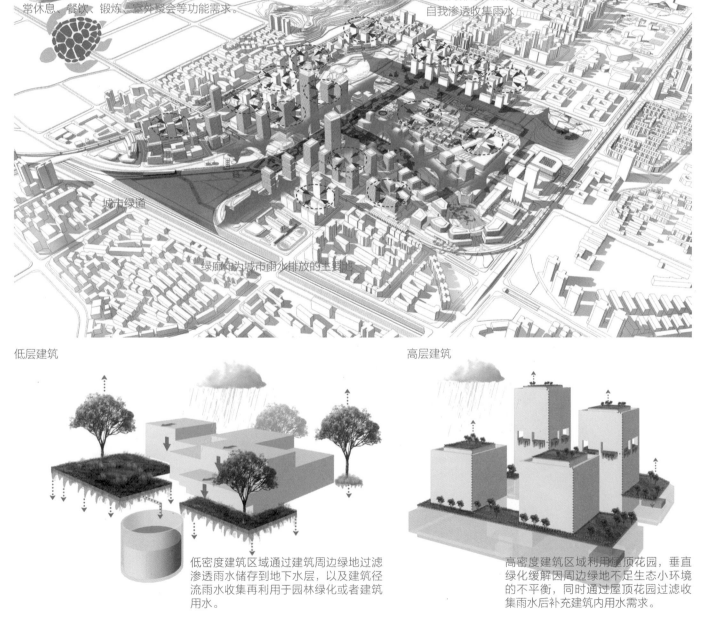

在尊重场地原有竖向关系形成的整体排水方向的基础上，组团内部以"龟背式排水"方式把雨水汇入附近的绿廊，最终下渗到地下水层或储存到蓄水池中。在我们建立的绿色休系空间中，可以满足居民以及办公人员的日常休息、餐饮、锻炼、室外聚会等功能需求。

组团内部最大限度自我渗透收集雨水

城市绿道

绿廊中为城市雨水排放的主要地

低层建筑

高层建筑

低密度建筑区域通过建筑周边绿地过滤渗透雨水储存到地下水层，以及建筑径流雨水收集再利用于园林绿化或者建筑用水。

高密度建筑区域利用屋顶花园，垂直绿化缓解因周边绿地不足生态小环境的不平衡，同时通过屋顶花园过滤收集雨水后补充建筑内用水需求。

城市之冠绿道水系效果图

中国国旅海口国际免税城　　　　　　　　　　　　　　　　　　巢湖产业新城　　　　　　海口免税城　　　南充市·

北京石景山八角商业金融项目　　　广西中电北海产业园　　　北京环球主题公园及度假区（景观水系）设计　　　　　　阿里巴巴

北京首钢园区　　　雄安·电建智汇城　　　　　　　　　　　　纽约艾灵顿广场　　　成都麓湖

北京银河 SOHO　　　　　　　　　　　　　　　　北京阳光保险金融中心　　　北京乐成幼儿园

海南三亚南山文化旅游区　　　　　　　　　　　　　　京润·酒店　　　环南京区域事业部宜兴区域

2 地标空间
Landmark Space

地标是一种标志性实体，可以是建筑物、景观、雕塑等。它们从平凡的背景中突出出来，具有独一无二的辨识性。加强了城市、区域及某个节点的识别性，便于人们确定自己的方位。美国著名城市规划学者凯文·林奇在《城市意象》中将"地标"定义为参照点，通常是一些简单定义的实物。这些标志物被反反复复地用于辨识，最后用来构建人们的城市印象。而随着人们对城市越来越熟悉，他们对这些标识物的依赖也与日俱增。

同时，地标也成为城市形象的代表，作为城市形象宣传的主要选择对象，在一定程度上体现着城市的历史文化、风土人情和生活方式等。当下对城市建设"千城一面"现象的普遍不满，体现了人们对特色鲜明的城市风貌建设的需求。而这离不开富有特色的地标空间，不但给城市中的人们提供方向感，还易于成为城市的特色景观，成为城市风貌的重要组成部分。可以说，城市地标是指每个城市的标志性区域或地点，是展现城市个性的重要载体，能够充分体现该城市（地区）风貌及发展建设历程。不同城市的城市地标是与当地的文化背景息息相关的，所以科学合理地塑造城市地标是十分必要的。地标不能一味追求标新立异，追求突出于背景，也要遵循城市的"历史积淀"，包括城市地形地脉、气候条件、风俗文化、宗教及政治背景等；延续城市在物质空间层面上的风貌特色。

我国学术领域对城市地标的研究也日渐活跃。规划、建筑、景观各个领域的研究人员从人文历史环境、地域性自然环境、时空文脉环境等层面对城市地标提出了独到的见解，也进行了有益的尝试。在评论一个地标成功与否时，既要重视权威机构或专家的意见，也要听取民众的评价和感受。如果一个地标空间不能得到大众的认可，那么它也将失去其"标志性"的意义。

随着城市化进程的不断加快以及城市建设的不断开展，在许多城市建设中开始有意打造城市地标空间，易兰对城市地标的理解，也体现在了一个个成功的地标景观的设计上。如望京SOHO 景观设计由易兰规划设计院携手扎哈·哈迪德（Zaha Hadid）建筑事务所倾力合作，风格一气呵成，从建筑设计到景观设计，双方设计风格和实力得到了完美的结合和充分展现，使之成为望京地区一个重要的城市核心。

公共空间的活力与魅力要素
The Vitality and Charm of Public Space

北京望京SOHO
Wangjing SOHO Urban Parks of Beijing

跌水花园

获奖信息：ULI 城市土地学会亚太区卓越奖入围，2020
　　　　　ULI 英国皇家风景园林学会景观杰出贡献奖，2018
　　　　　IFLA 国际风景园林师联合会公共空间类卓越奖，2019
　　　　　SRC 街景设计奖大奖，2019
　　　　　北京园林优秀设计奖，2014
　　　　　时代楼盘·第九届金盘奖年度最佳写字楼奖
　　　　　美居奖中国最美人居景观奖，2014
　　　　　LEED 金级认证

项目位置：北京市朝阳区
项目面积：11.5 公顷
景观设计：易兰规划设计院
建筑设计：扎哈·哈迪德建筑事务所
委托单位：SOHO 中国有限公司

望京 SOHO 位于北京朝阳区望京地区中心区域，该项目由 3 栋集办公和商业于一体的流线型高层建筑和三栋低层独栋商业楼及 5 万平方米的超大景观园林组成，占地面积 11.5 公顷，规划总建筑面积 52.1 公顷，最高一栋建筑高度达 200 米。望京 SOHO 是从首都机场进入市区的第一个引人注目的高层地标建筑，俨然成了"首都第一印象建筑"。

望京 SOHO 是由著名的扎哈·哈迪德（Zaha Hadid）建筑事务所担纲建筑设计，景观设计由易兰规划设计院携手扎哈·哈迪德（Zaha Hadid）建筑事务所倾力合作，风格一气呵成，从建筑设计到景观设计，双方设计风格和实力得到了完美的结合和充分展现。易兰规划设计院负责了从景观方案深化到施工图的设计工作，建成后受到各界人士广泛关注，荣获众多奖项，并于 2018 年登上国际顶级景观建筑杂志《TOPSCAPE PAYSAGE》封面。

设计理念和策略

在中国的一些城市中，常常过于注重地标建筑所塑造的天际线及其外形，却往往忽略地面上普通行人的感受，望京 SOHO 很好地利用了地标建筑对行人的吸引作用，注重营造城市的开敞空间，使人们在其中有各种体验，使之成为远近人们相聚的场所。

整个项目围绕三座建筑划分为北侧、西侧、东侧和南侧四块绿地，不同区域表达不同的景观主题。为了体现四季更迭变化，易兰设计团队为望京 SOHO 打造了休闲剧场、场地运动、艺术雕塑、水景四大主题景观。5 万平方米超大景观园林，绿化率高达 30%，形成了独树一帜的都市园林式办公环境。独具匠心的音乐喷泉和园林景观设计，与楼群相辅相成。这一切使得整个项目在建筑、景观和施工组织等方面都达到美国绿色建筑 LEED 认证标准，打造出一个节能、节水、舒适、智能的新绿色建筑。

北侧锦鲤嬉水

北侧绿地地势比较平缓，主要有以地形围合的休憩空

图例
① 音乐喷泉广场
② 步行坡道
③ 疏林慢坡
④ 步行廊桥
⑤ 现状大树
⑥ 跌水花园
⑦ 野趣花岛
⑧ 起伏康体步道
⑨ 林荫漫步花园
⑩ 梨花水岸
⑪ 中心喷泉
⑫ 活力广场
⑬ 林下氧吧
⑭ 公园管理中心
⑮ 中心水景花园
⑯ 漫跑道
⑰ 开放露营草坪
⑱ 老年人健身广场
⑲ 阳光活动场地
⑳ 亲子广场
㉑ 花径漫步休憩道

总平面图

鸟瞰实景

主水景

间以及音乐喷泉构成，平面构图延续建筑"锦鲤嬉水"的设计理念，线条流畅自然，与周边场地道路、地形植被交错掩映。水景由外侧抛物线泉、中心喷泉以及位于水面中央30米高的气泡泉组成。中央喷泉边界采用流线型缓坡设计，精心设计的喷泉形状与建筑物的线条相互呼应，广场与周边场地道路、地形植被交错掩映。在需要的时候，喷泉区域可以转变成广场用于举办活动，周边的空间也足以容纳人数较多的群体。烈日炎炎的夏天大型水景为市民提供清凉的休息场所，冬天则成为北京仅有的几个室外冰场之一。水景配合韵律感极强的乐曲和炫彩夺目的夜景灯光，水柱则按照设定程序伴随着起伏的旋律，将艺术与科技完美缔合，打造了一个动静相宜的办公休闲空间。

曲线桥是设计中的一个独特细节，通过整合建筑的总体设计概念，将建筑语言延伸至人们的日常生活中。钢结构支撑突破了结构难点，利用水平、竖直的双向曲面，打造出灵动轻盈的景观桥体；排水口暗藏于绿地与道路转角交汇处，美观实用。水景边矮墙座椅采用双曲面设计，既烘托水景区的动感氛围，又能满足游客多角度的观景需求。林下矮墙座椅与道路用砾石自然衔接，既起到柔滑作用又能很好地限定空间。座椅正立面设置沟槽，隐藏灯带，丰富矮墙立面的同时提升夜景效果。流线型挡土墙与地形及道路用钢板收边，砾石过渡，并用植被遮挡其顶部，弱化墙体给人带来的压迫感，打破"横平竖直"的铺装拼接方式，采用统一倾斜角度，配合内部流线收边，彰显动感与现代感。铺装采用流畅的弧线型设计，铺装之间留有10mm的渗水缝隙，边框框出有机形态后，再用不同的颜色或大小来区分体块，这样更容易强调边界。场地内井盖用以石材镶嵌，既满足了功能需求又不切割铺装图案。

东侧休闲剧场及喷泉水景

东侧绿地是该项目着墨最多的地块，该区域以两座重点水景和一座露天下沉剧场为主要景观元素。首先，位于场地东北角的水景，以建筑作为背景，引用建筑采用的流线型设计，打造层层相叠的跌水景观。另一座水景与下沉剧场位居东侧连桥下方地块内。该水景由连桥下方幕墙的流线型曲线逐渐演变而来，水景和幕墙紧密连接、相互呼应。下沉剧场，运用与竖向统一的流线型元素使整个下沉广场完美地融入建筑环境，青翠的草坪与花岗石条凳穿插于倾斜的地形之中，自然阶梯式的地形处理将城市居民引入场地。地形处理作为本案的一大特色，将平面流线与竖向高差完美结合，体现了不同材质的自然过渡与融合，大面积的开敞草坪让视线更为开阔。开放绿地和广场的结合为人们提供了一处奔跑嬉戏的安全场所。座位下面的特殊照明设施能够保证夜晚的活动安全。

东北入口

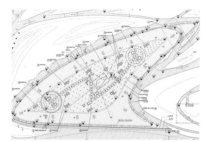

北侧绿地主水景铺装及竖向平面图

西侧休闲空间

为了提升整个项目景观的舒适度，西侧绿地利用地形设计和植物围合为场地，隔绝了外部道路的交通噪声，创造了一个私密空间。同时，将植物作为背景，在绿地内塑造地形，种植大面积地被以构筑幽静清新的休闲空间。步行道设计注重结合雨洪管理技术，植物设计多采用乡土植物，减少后期维护成本。植物设计采用形态自然、极具景观效果的品种大面积种植，且层次饱满，并遵循了功能分区明确、情景主题突出的原则。高大的原生大树塑造出林下休息场地，搭配不同品种的观赏草及地被花卉形成丰富而大气的景致，将该块绿地打造成疏密相融的园林景观。

丰富的植物配置展现了多样的色彩，有助于强调地貌，同时软化城市硬质空间。一方面利用密林、草坪、花境、游园、台地等多种形式创造出一个个颇具看点的休闲小空间；另一方面，大量运用国槐、白蜡等成荫效果好的乡土乔木，以及丁香、玉兰、迷迭香、薄荷等芳香植物和宿根马蔺、八宝景天、玉簪、沙地柏等低养护植物，确保植物景观季相分明；在建筑遮挡的部分，植物选择以耐阴树种为主；鉴于该区域需要体现音乐喷泉主题，于是将成片林带作为水景背景，使其形成硬质建筑向水景设施的自然过渡。

通过植物和铺装材料的选择来强调人行通道，将人流自然引入商业核心区。广场的铺装中通过微妙的细节让人们注意到空间的转变，引导行人从一个区域到下一个区域。软化的景观作为城市街道和建筑之间的缓冲空间，能为人们提供更具有安全感的空间体验。

南侧运动空间

南侧绿地主要以运动、休闲空间为主，较其他主题景观稍显独立。景观中设置了小型艺术馆和运动场地，一条蜿蜒的跑步道将四周零散的绿地空间串联起来，每个设计元素各就其位，汇聚形成天衣无缝的连续统一体，为人们提供更多休闲场所。傍晚时分，灯光喷泉和植物照明吸引人们从附近的办公室和居住区前来游玩。

北侧主水景

音乐喷泉夜景

主水景广场　　　　　　　　　　　　　　　　　　水景桥

自建成以来，望京 SOHO 已经成为一个安全、令人向往的目的地，在城市的社区和街区内创造出一种连接和认同感。为居民和顾客提供办公和零售空间、公园和公共场所，回应了居民对于城市地区高质量开放空间的需求。

该项目通过重塑街景，打破了地块与街区的界限，将品质与活力注入原本呆板的城市空间中，既创造了尺度适宜、场景丰富、功能完备的人性化空间，也有效地丰富了城市文化景观肌理。这种以人为本的现代公共空间设计与国际潮流接轨，意味着中国当代公共空间景观设计逐步正式走入国际视野。

望京 SOHO 景观设计在找回城市中失落空间的同时，让城市更有生机和活力，对人居和谐进行了全新的诠释。孕育了城市精神，展现多元化城市生活的场所。人们对城市公共空间最直接最真切的体验，往往是从细节中得到的，城市公共空间总的发展趋势是功能多样化、形态多元化，只有适应不同使用需求，才能为使用者提供多种选择的机会。望京 SOHO 项目景观设计登上国际顶级景观建筑杂志，在专业性、创意性方面展现了综合实力，从而成为景观设计对接国际的代表作。

水景桥

Project Brief

Wangjing SOHO Parks contains three main garden areas surrounding the dynamic, modern, SOHO buildings. The gardens represent a community hub in the booming Wangjing area of Beijing, and the design echoes the buildings' aesthetic and serves as a beacon for landscape architecture in the city. With their distinctive curved lines repeated in the design, the organic structures merge with pathways, plantings, and water for seamless way finding. The parks include a fountain plaza, curvilinear bridge, botanic pathways, paved and grassed amphitheater, and open exercise spaces. They have provided a restorative and refreshing oasis for residents in the densely populated and district. Importantly, the gardens define a much-needed green space for local workers and residents, and have attracted patrons to the retail stores and restaurants in the SOHO buildings. They set a new standard in China for their curvilinear design, integrated storm water drainage design, fountain design, and bridge design. Together, the gardens present a vibrant, engaging, and sustainable set of urban landscapes that respond sensitively, and in a contemporary manner, to the needs of the community.

林下矮墙座椅

矮墙座椅鸟瞰

林下矮墙座椅

跌水花园

挡土墙夜景

跌水花园

水景步行道

跌水花园

喷泉广场

独享与融合
Exclusive and Fusion

北京CBD生态广场
CBD Ecological Square, Beijing

项目位置：北京市朝阳区
项目面积：11670 平方米
景观设计：易兰规划设计院
委托单位：亿利资源集团
获奖信息：中国建筑学会 建筑设计奖园林景观奖，2020
全国人居景观态环奖，2020

CBD 生态广场与央视大楼的关系

北京亿利生态广场位于北京 CBD 核心区域，占地面积 11670 平方米。临近地铁，交通便利，畅享北京核心商务版图"交通、配套、产业、环境、生态"五大优势，沟通世界商务中坚。

易兰设计团队在充分挖掘企业文化、基址区位及场地现状的基础上，提出了"CBD 金融核心区的一片绿洲"的景观主题。设计从沙漠纹理提炼衍生出结构空间，由亿利资源网格状治沙技术衍生出纵横交错的矩阵式绿色景观基底，利用理性模数化的单元模块，以不同的排列组合，形成了北侧生态绿岛、西侧生态绿廊、南侧生态绿屏等绿色空间。同时，设计团队以库布其七星湖为原型，打造"生命之泉""生命之源""生命之轴"等重要景观节点，形成"生态绿洲，水脉绵长"的景观空间意向，以理性大气的总体布局融合文化内涵创意节点，实现功能与形式、文化与意境的共生共荣。

北侧生态绿岛上层空间利用白蜡形成矩阵式树阵，下层由数条 1.5 米宽东西向铺装道路，以间距 4 米的固定模数分割绿地，其间穿插种植条带状芒草、绿篱及草坪绿地。同时，易兰设计团队在临近道路设置嵌有企业文化关键词的特色条石座凳，彰显企业精神的同时为企业员工及周边城市居民提供一处舒适可停留的林下休闲空间。另外，为满足快速通行，设计一条折线形道路穿行林间，高效连通建筑北入口与西北侧广场空间，同时与矩阵式基底形成鲜明对比，为这一区域增添动感与活力。

西侧生态绿廊起始于场地西北侧"生命之泉"城市广场空间，创作灵感来源于库布其沙漠七星湖，场地延续整体的矩阵式模数化设计，利用模块化石材拼接手法实现湖面形态的抽象表达，以层叠式铺装形态模拟湖面层层涟漪，并选取七处点位设置泉眼，形成七星涌泉效果。

依傍七星泉水景，设计选取三株树形饱满的雪松屹立于广场视觉交汇点，以常青树象征"生命之源"，与"生命之泉"共同寓意亿利集团生生不息的发展前景

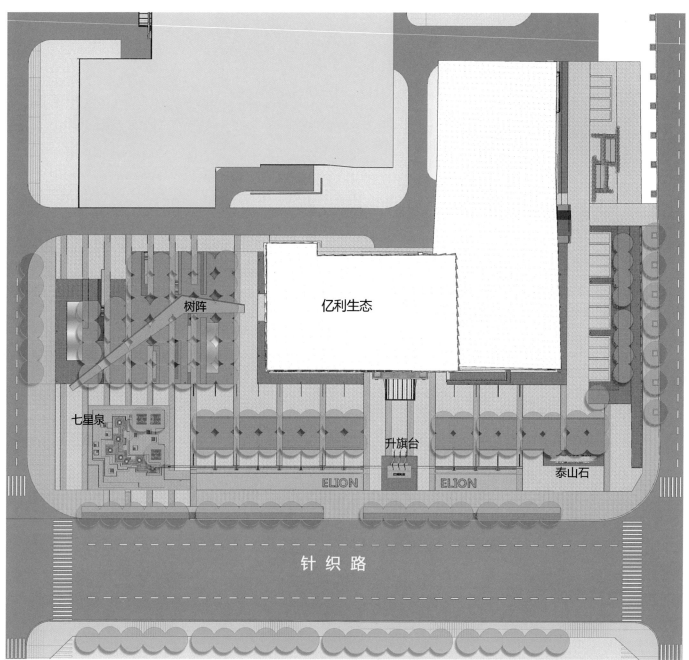

总平面图

屋顶雨水收集
屋顶雨水属于优质净雨水不经过弃流

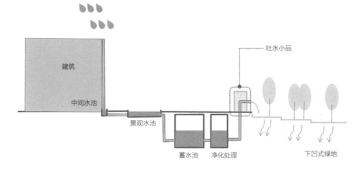

地面雨水收集
地面雨水属于污染脏雨水要经过弃流

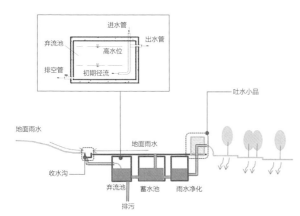

雨水收集分析图

实景鸟瞰

园区植物种植与特色座椅

实景 鸟瞰

园区景观与人的关系

与源动力。水景的设置使开放空间更显灵动与舒适。由"生命之源"向南引出一条景观水系，水系依傍草坡景墙，并通过序列式灯柱与铺装形成统一的空间引导，实现"生命之轴"的景观表达。水系东侧依次为景观大道、银杏树阵绿廊、建筑前广场，整体通过模数化的绿地斑块及铺装排布，形成简洁大气且理性通达的空间效果。

在满足基本的地面停车需求的基础上，充分利用现状植被形成绿色屏障。场地南侧以刻有亿利治沙历程的《治沙赋》泰山石为核心，以点景大树及姿态优美的花灌木为背景，下层搭配规则式绿篱，共同衬托泰山景石。

屋顶花园设计以"CBD 天空树屋"为设计理念，解决了原有空间压抑、立面生硬、设备外露等问题，实现了"阳光、森林、舒适"的景观设计愿景。室内绿墙设计以"水草丰美"为设计主题，通过绿植、拉丝不锈钢金属条、木条等设计元素，通过相互穿插的设计手法，实现了图案的变化与主题的表达，为室内增添绿色气息的同时也传达亿利的企业文化与精神。

建筑入口的设计着眼于整个场地来进行，通过对建筑入口尺度与形式的塑造，结合建筑周边场地空间，营造出符合建筑设计风格的大气、开敞的入口空间。景观设计利用植物围合出小空间，结合遮阴大树和桌椅等设施共同营造宜人的环境。并且，针对亿利企业文化，设计一系列代表性小品，提升园区文化和艺术魅力。

Project Brief

Beijing Yili Ecological Plaza, located in the center of Beijing CBD, covers an area of 11,670 square meters. Situated close to the subway, the Plaza enjoys the major convenience advantages of simple transportation, service facilities, business amenities, and provides a welcoming environment.

With the goal of completely revamping the client's corporate culture, base location and site conditions, the Ecoland design team proposed the landscape theme of "An Oasis in the CBD Financial Core." The design structural space elicits the texture of the desert, and the crisscross matrix green landscape base gleans from the grid-like sand control technology of Yili Corporations, using rational and modular unit green blocks in different permutations and combinations to form the function and form of the space.

景观的聚核效应
Nucleus Effect of Landscape

北京大望京商业综合体景观
Landscape of Beijing Dawangjing Commercial Complex, Beijing

实景鸟瞰

项目位置：北京市朝阳区
项目面积：8065 平方米
景观设计：易兰规划设计院
建筑设计：Andrew Bromberg at Aedas
委托单位：北京乾景房地产开发有限公司

项目东侧为大望京公园，西侧遥望望京 SOHO，区域环境优越交通便捷，紧邻东五环路及机场高速。除此之外，大望京的内、外部舒适工作环境也是阿里巴巴等企业选择入驻的重要因素。大望京项目中的几座建筑形态就像几棵挺拔的大树，竖向的线条形成方向性极强的肌理感，其间的绿地与大望京公园、城市中心绿地形成生态的绿色基底。

易兰设计团队以"生命的循环、生命的诗篇"为出发点，为在这里办公、生活的高科技人才打造宜人、舒适的绿色休憩空间。设计师提取"叶"作为设计元素，将绿叶的形态抽象成种植池、绿地、构筑物等，使其与整体建筑相融合，从而形成识别性强的导向景观。

项目地块与大望京公园及中心绿地形成通透的界面，建筑功能与地铁及周边环境相互统一。易兰设计团队在大量人流的组织及引导，办公入口交通的组织与商业的链接性，办公、商业、住宅的空间组织等方面进行了重点设计。

通过设计解决 4 大问题：

1. 将主要入口扩宽，形成各自独立的两个出入口，避免交通混行造成的干扰。中心的绿岛有利于车辆混行，形成各自入口的标识。

2. 交通管理解决方式，将办公车行与公寓车行分开，使公寓区形成围合私密的空间，办公区形成较好的对外形象。

3. 中心广场处，通过空间的整合及交通的引导，体现广场的通达性及休闲性，为人们提供交流、体验、聚会的场所。

4. 针对中心广场的风洞问题，易兰团队设计了以叶为形态的挡风亭，具有遮光挡风的作用，以组合的形式出现，化解气流及大风。

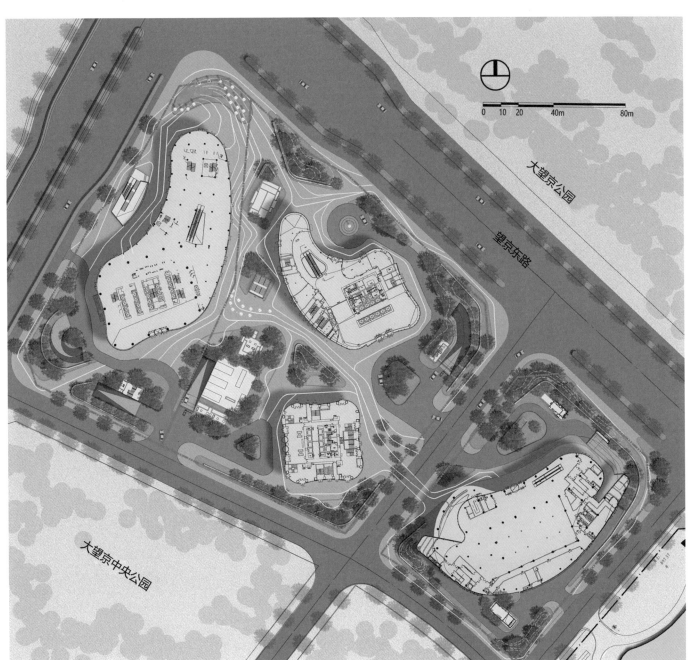

大望京公园

望京东路

大望京中央公园

总平面图

Project Brief

Ecoland solved the project's four major problems through site planning and landscape design:

1. The main entrance was widened to form two autonomous entrances and exits to prevent the interference and confusion traffic congestion causes. The green island in the center is not only attractive, but also functional. It is conducive to the mixing of vehicles and directs them to their respective entrances.

2. The traffic circulation plan separates the office and commercial entities from the residential apartments, so that the apartment area is enveloped within a more enclosed and private space, whilst the office area projects a powerful impression.

3. At the Plaza's center quad, with smooth accessibility, workers, residents, and visitors can enjoy leisurely recreation in the welcoming space.

4. A windshield pavilion in the form of artistic leaves provides shade and shelter from the breeze, reducing the troublesome wind tunnel problem in the central square. The pavilion successfully dissolves air currents and redirects strong winds.

年轮　　　　　落叶　　　　　生长

设计思路——生命的循环

东北局部鸟瞰

大望京街景

休憩长椅

喷泉实景

休憩长椅

大望京街景 建筑内景观视角

黄岩区环护城河景观工程　北京东城区京宝大厦建筑整体

北京化工大学校园景观提升改造　河南洛阳天惠办公区立面改造

沈阳市浑河滩地景观提升　白浪河中央休闲区段提升改造　北京 1949 盈和

上虞滨江新城公共空间改造提升　华侨城大型文旅综合体昆明世博园区改造　重庆市主城区"两江四岸"治理提升　广西北海中国电子北部湾信息港市政绿

上地原联想地块街区提升改造　邢台市邢东新区中央生态公园（采煤塌陷区综合治理）　抚顺市新抚区喜

3 城市更新
Urban Renewal

城市更新是一种将城市中已经不适应现代化城市活动的地区，作出必要的、有计划的改造建设的过程。从20世纪70年代起，城市更新就成为西方城市发展的一项重要课题，进入20世纪90年代后，随着全球化进程的推进，这个议题受到更广泛的关注。无论是政府决策者还是学术界，对城市更新的内涵诠释和实施机制，都体现出一种全新的思路。一个内涵更加多元化、综合化的城市更新概念，以及一个多方合作、更加注重市民感受和社会公平的推进方式，正成为当代主流。

我国的城市更新不同于其他国家，处于一个更加复杂的背景之中，面临的任务也更为复杂和严峻。自20世纪90年代开始，随着我国的改革开放和全球化影响渐深，给我国的城市发展带来了巨大动力和空前巨变。2000年以来，在多元动力机制推动下，我国的城市更新逐渐朝向以包括物质性更新、空间功能结构调整、人文环境优化等社会、经济、文化内容的多目标、快速更新阶段发展。过去的城市建设虽然取得了巨大成就，但由于城市发展大都以原有城市机构为基础，并在空间上对其存在依附，这就导致了一些问题，日积月累，积重难返，如：历史建筑保护与再利用，老旧小区的改造提升，工业厂房的外迁与后续改造再开发，基础设施滞后与不足，城市风貌和景观特色缺失等。与此同时，一些新的城市问题也初露端倪，如：伴随着城市产业结构升级带来的用地结构转换，人口结构变化导致的既有社区结构的衰落，传统的城市布局无法满足新科技新产业的需求等。这些决定了我国城市更新与发展的长期性、艰巨性和复杂性。

我国城市建设正从增量发展转向存量更新，由大规模粗放式的土地开发，转向更加高效、优质、人性化的城市空间提升为主的城市更新。随着社会的发展，城市居住及生活环境都在逐步得到改善，同时对城市建设提出了更高的要求，城市不仅要满足基本的居住、工作、出行功能，还必须满足居民日益增长的生活品质需求。易兰近年来一直参与到城市更新进程中，如：北京首钢中心景观改造，北京1949盈科中心商务会所，北京乐成幼儿园，湖南常德老西门（一期），都是非常有代表性和影响力的城市更新经典项目，将在本章进行重点解读。

城市更新中的记忆延续
Memory Preservation in Urban Renewal

湖南常德老西门葫芦口
Old West Gate (Laoximen) Phase I

葫芦口鸟瞰

获奖信息：ULI 城市土地学会亚太区卓越奖入围，2021
IFLA 国际风景园林师联合会城市文化景观类荣誉奖，2019
BALI 英国景观行业协会国家景观奖，2018
WAF 世界建筑节入围，2018
中国风景园林学会科学技术奖规划设计奖，2019
北京市优秀工程勘察设计奖城市更新设计单项奖，2019
三联人文城市奖城市创新奖，2021

项目位置：湖南省常德市
项目面积：22203 平方米
景观设计：易兰规划设计院
建筑设计：中旭建筑设计有限公司
委托单位：常德大源住房建设有限公司

项目位于湖南省常德市中心城区，紧临武陵阁广场。易兰设计团队与建筑师一道通过对历史基地和人文遗存的恢复及改造，运用现代建造技术手段，融入艺术、文化、自然三大核心元素，通过一系列城市更新的手法，将原有破败的城市街区，演变成一个现代时尚的新商业街。为广大市民呈献一个具有历史意义和社会价值的城市公共空间。

通过综合的设计手段，昔日被人遗忘的老西门转变为护城河畔的记忆画卷与街巷生活。设计团队通过梳理记忆脉络和构建景观体系，恢复护城河，利用本地材料与老旧物件，承载本土生活，使老西门重获新生，在城市更新中延续记忆。通过营造新的生活空间，吸引了更多的人到此游览，如今已成为常德时尚新地标。

历史记忆的延续

常德古称武陵，老西门一带曾是常德的政治文化中心。衙门、王府、文庙、书院，无不见证其昔日的繁华。然而古城历经过数次劫难，被毁于战乱，古城墙在抗战中已大部分被拆毁，全城亦几乎被夷为平地。老西门地块的中间沿纵深方向，原来有一条护城河。20 世纪 80 年代被盖上护盖板，改成排污渠。地面以上则随时间的推移，自由堆积而成一条狭窄街巷，以及简易木结构穿斗建筑形成的棚户。

老西门一带曾是常德市的政治文化中心，承载着丰富的历史信息。始建于明初的矮城墙遗址、位于火神庙对面的丹砂井都是老西门历史记忆的延续。易兰设计团队在方案设计之初对场地中丰富的历史文化和人文遗存进行了梳理。根据不同的场地功能及文化资源，串联出老西门层次丰富的景观体系。

葫芦口广场

设计团队通过对于历史基址和人文遗存的保护性开发及创作打造，着重把护城河的疏浚恢复、海绵城市建设和老西门文脉的接续相结合，依托护城河对常德特色建筑和人文印记进行了一次梳理，使穿梭其间的人们能够真切感受到时空的变迁和文化的映射。

图例：
1.水景瀑布　6.石桥
2.台地种植　7.丹砂井
3.滨水台阶　8.零售/办公室/住宅混合使用
4.商业街　　9.多功能文化中心
5.水岸平台

总平面图
　景观方案概念设计
　景观方案概念设计及施工图设计

总平面图

葫芦口鸟瞰

| 1813 年 | 1920 年 | 1943 年 | 1949 年 | 1969 年 | 1981 年 | 2013 年 | 现在 |

葫芦口不同时期的状况

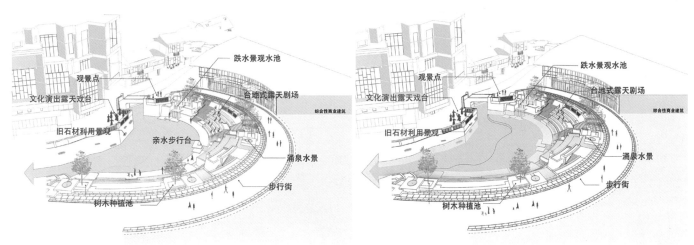

正常水位景观 雨季水位景观

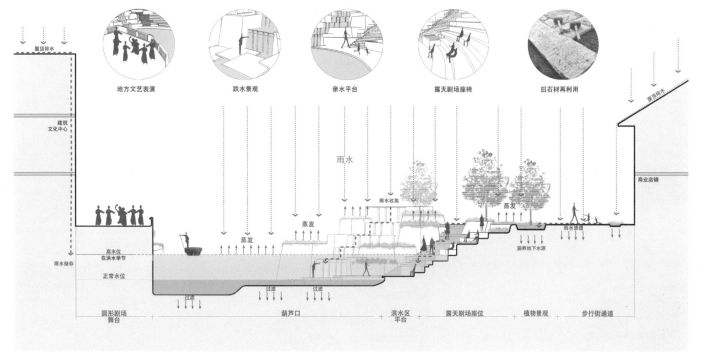

雨水管理设计
雨水回收系统设计，吸纳了四水归堂的传统元素

葫芦口广场轮廓与场地精神结合，风格与材质成为体现建筑厚度的最佳手段。此地巷深逼仄，腹广而阔，形似葫芦，故名"葫芦口"。设计团队利用护城河水面与葫芦口广场路面之间的 4 米高差，以错落的青石台阶相衔接，形成了一个有围合感的下沉广场，周边的商业建筑亦呈围合状，雨水由环形坡屋顶落到地面，犹如四水归堂的情景再现。

设计旨在为人们创造出亲水的机会，形成丰富的空间效果。石头瀑布、植物与现代水景巧妙地交织在一起，郁郁葱葱的种植空间、粗凿的石阶和梯田交错形成了一个现代空间，将古代和现代的设计美学联系在一起。

市民的舞台

葫芦口对面醉月楼的檐口下，是当地民俗戏曲表演或品牌推演展示的舞台，而葫芦口层层叠叠的石头台阶，成为天然的观众席。每天定时工作的喷雾设施，营造出梦幻场景与水中诗意。

台阶逐层跌落，与涌动的水幕、花池、植被、小舟、树阵相得益彰，成为最聚人气、最富情趣的去处。白天可以坐在树下喝咖啡、听音乐，晚上河畔的蛙鸣和民谣将人们带进文艺、时尚的新常德。这里是真正意义的城市客厅，崭新的老地方续写着城市与人的记忆。

护城河恢复

常德护城河有着两千多年的历史，几乎与常德城同龄，常德的很多故事都和护城河有关，比如刘海砍樵、仙人赐丹以及常德会战等。改造之前的护城河污水横流、棚户遮盖。恢复与疏浚之后，池壁种植、水生植物、青石步阶、小河流水、古井老树……亲近而质朴。和缓怡情的步道、四季转换的植物风景、质朴灰调的回迁楼、琳琅满目的水街铺面将生活拉回地面，丰富多元的空间形态，回应人们对生活的渴望。

护城河又回到了老西门，这不仅仅是城市记忆延续与

现有的古井   建筑完整性   古树   建筑功能   牌坊   历史意义的铺路石   护城河   文化表演

中心景观"葫芦口"的设计灵感提取了常德"窨子屋"建筑元素，四面屋顶均向天井倾斜，四面雨水流入堂前时又称为"四水归堂"

生活回归，更是常德海绵城市建设的重要一笔，彰显了文化与生态的双重复兴。

老西门曾经是一个被城市遗忘的片区，经过设计师对当地历史形态与传统文化的保留，并赋予其新的功能业态，老街区的记忆得以延续。这是一次历史与现在的精彩对话，更是一个老旧街区的涅槃重生。除了对地理空间未来的梳理，建议挖掘老西门原有的商业及生活特色，保存几处原有的商户和生活场景。让原有的生活记忆得以延续，呈现不同的都市脉搏，历史文化及商业交融的独特氛围，让人于繁忙都市中心慢享美好时光。

老西门成为常德时尚新地标，它记录了中国城市化和意识形态的历史变迁。这种新的城市改革旨在融合过去，将其与当代设计思想结合在一起。绝无仅有的常德老街原貌、趣味盎然的各色时尚小店，构成了老西门独特的魅力与风情。如今的老西门，商业兴盛、市场繁荣，吸引了更多的人到此游览，同时也推进着老西门永不停息、沧海桑田般的时代变迁！

Project Brief

Along with an innovative canal water cleaning system, the project transformed 1.5 hectares of a forgotten old town center littered with structurally unsafe buildings into a culturally-rich urban core, and popular waterfront district, along the reclaimed green corridor. The recovery of the canal corridor returned physical health to the district and expanded recreational water access. The reclaimed pedestrian open-space promotes unity and connection within the neighborhood, while injecting much-needed economic vibrancy into the district.

The design embraces the town's diverse heritage with a "culture and climate-sensitive" approach to cope with summertime fluctuation of floodwater level, leveraging the site's topography with a sculpted amphitheater, which boasts a dramatic vehicle-free evening social life themed with local heritage operas, craftsman shops, promontory experiences, and a unique urban tidal pond with trails that meander along the historic canal route. The district has become a vibrant public realm amidst a high-density affordable housing community.

广场台阶与平台交界处设置石台阶，可供人们休憩闲坐

竖向设计图纸

水景的设计既充满了人文情怀，又是整个商业街的点睛之笔

The project expertly demonstrates complex remediation and reestablishment techniques, high-level multidisciplinary collaboration, lifestyle preservation, and riparian solutions, setting a benchmark for urban regeneration.

以本土铺地材料以及传统街巷路面拼砌规制为主，利用老砖、老瓦、石材以及木料等，穿插其间，保留场地记忆通过景观创作使之焕发生机

工业遗址的转型与精神升华
The Transformation and Spiritual Sublimation of Industrial Sites

北京首钢遗址景观设计
Landscape Gentrification of the Shougang Steel Plant, Beijing

首钢冬训中心实景

获奖信息： IFLA 国际风景园林师联合会文化与传承类荣誉奖，2020
IFLA 国际风景园林师联合会经济效益类荣誉奖，2020
BALI 英国景观行业协会国家景观奖，2020
中国风景园林学会科学技术奖规划设计奖，2020
北京园林优秀设计奖，2020

项目位置： 北京市石景山区
项目面积： 12 公顷
景观设计： 易兰规划设计院
建筑设计： 筑境设计
委托单位： 北京首钢建设投资有限公司

图例
1. 记忆轴线
2. 特色铺装
3. 现状法桐
4. 公寓内庭
5. 律动广场
6. 景观看台
7. 景观水景
8. 树阵广场
9. 阳光草坪
10. 休憩空间
11. 下沉空间
12. 演艺广场
13. 疏林草地
14. 林下空间
15. 遗存雕塑
16. 餐饮街区
17. 下沉庭院
18. 办公内街
19. 铁轨花园
20. 集水花园
21. 景观廊桥
22. 环形广场
23. 台地花园
24. 冷却塔遗存
25. 洗涤塔遗存
26. 工业建筑遗存
27. 儿童娱乐
28. 商业广场
29. 运动场地
30. 水塔遗存

总平面图

该项目位于北京市石景山区，首钢工业园区北端，冬奥广场南侧，西邻永定河，仰望石景山，是北京首钢集团的一个后工业景观花园，拥有优良的自然资源、悠久的工业历史及冬奥运动文化，由易兰景观团队于2017年设计。其占地面积约12公顷，其中建筑面积为9公顷。

工业巨镇，华丽转身

大工业时代背景下，1919年官商合办的龙烟铁矿股份有限公司在京西石景山建设炼厂，首钢这座钢铁之城的百年历史就此起步。自建厂以来，首钢历经磨难，逐步发展成为国际前列的大型集团。

进入21世纪，首钢贯彻国家奥运战略和钢铁业结构优化升级要求，率先实施并完成了史无前例的搬迁调整。搬迁后老工业区如何转型发展成为了新问题。2014年11月，首钢开展"首钢园区城市风貌研究"，探索以建筑文化复兴为出发点，打造既具首钢特色，又符合新时代发展要求的园区风貌。沉静的石景山老厂区正逐步转变为新首钢高端产业综合服务区，成为北京西部发展的核心地带。

2022年北京冬奥会为首钢园区的建设带来新的契机，一个曾经辉煌的钢铁巨龙腾空飞去，一座充满活力的体育基地正在孕育重生。2017年冬奥组委入驻首钢北区，冬奥冰上训练场馆开建，未来向社会开放。首钢老厂房利用厂房的空间优势打造"四块冰"，分别为短道速滑、花样滑冰、冰壶和冰球训练场馆。新建的冰球馆将打造成为国内顶尖乃至世界一流的冰球专业场馆，也是北京冬奥会主要的比赛场馆之一。园区还配建高标准的运动员公寓与网球场馆。建筑设计由杭州中联筑境副总建筑师薄宏涛设计，景观设计由易兰规划设计院首席设计师工作室设计。

留住记忆，重塑辉煌

"理解过去的工业，而不是拒绝；包容过去，而不是毁坏。"场地的原址是炼钢厂和煤矿及钢铁工业，对其周边地区造成了严重污染。首钢的变迁史，折射出

工厂旧状

首都工业发展的轨迹，也见证了百年来中国工业发展与进步的历程。冬训中心设计与其原用途紧密结合，将工业遗产与生态绿地、运动精神交织在一起。

易兰设计团队的设计思想理性而清晰，设计师们对原有场地尽量减少大幅度改动，并加以适量补充，使改造后的冬训中心所拥有的新结构和原有历史层面清晰明了，形成冬训中心三大公共空间组成场地构架：绿色廊道、律动广场、记忆轴线。

宏伟的精煤车间东侧开辟入口广场，为公众提供交流休憩的场所，从建筑立面延展出来的线条将广场分割出丰富多样的功能区块，用于转运物料的钢轨路线被改造为线性水景，历史的印记与场所的精神交织在一起，体现了首钢铭记历史、面向未来的精神面貌。

利用统一的铺装、植物等设计语言打造场地道路一体化设计，保证设计完整性。电厂路从精煤车间居中贯穿，豁然开朗，突出强烈的区域感与到达感。中间为主通道空间，两侧为树阵慢行空间，空间边界与绿化穿插织补在一起，边界交接点设置冬奥主题雕塑。在厂房建筑与景观的对话，首钢元素与冬奥主题的对话中体现场所感。该景观项目充分挖掘了场地的历史记忆，实现了现代公共景观的场所精神与景观功能的完美融合，并于 2018 年正式对外开放。

重塑风貌，还以生态

用生态的手段处理这片破碎的区域。首先，工厂中的构筑物都予以保留，部分构筑物被赋予新的使用功能，工厂中原有的废弃材料也得到尽可能地利用。其次，厂中原有的大树也作为历史的见证者得到了充分的尊重。最后，水的循环采用了科学的雨洪处理方式，达到了保护生态和美化景观的双重效果。

设计师着重保留场地记忆：那些林立的烟囱，曾是大工业时代的骄傲，钢水飞溅的车间曾有年轻人向往的沸腾生活，如今已经沉寂为废墟。设计师最大限度地保留了工厂的历史信息，利用原有的"废料"塑造冬训中心的景观，从而最大限度地减少了对新材料的需

旧貌与新颜

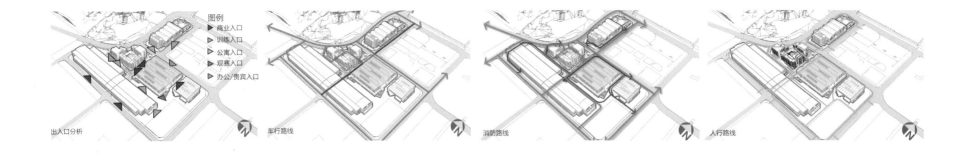

图例
▶ 商业入口
▶ 训练入口
▶ 公寓入口
▶ 观赛入口
▶ 办公/贵宾入口

出入口分析   车行路线   消防路线   人行路线

方案鸟瞰图

求，节省了投资。经过设计师的努力，这个昔日的钢铁厂被改造成为一个体育运动综合休闲娱乐场所，与之相关的许多分支项目也将在随后的几年中逐步完成。

在设计手法上，设计师融合了运动、建筑和景观的各种创作语言。首钢冬训中心是首席设计师陈跃中先生运用场所精神的景观代表作之一。在陈跃中先生的设计中，记忆语汇有时是名词，有时是动词。名词说的是留在脑海中的场所与事件；动词指的是去发掘和展示那些易被忘掉的场所与事件。作为名词，记忆只是一些场景片段，连接某一时刻的情感与思考；而作为动词，记忆则往往能动地选择片断或构建符号来传达场所的精神。而首钢冬训中心中地形的塑造、工厂中的构筑物，甚至是废料等堆积物都可以归纳为大地艺术作品。

回归城市，还以市场

与欧洲诸多工业区改造项目不同，首钢老厂区的改造目标是要回归到城市公共空间中去，重新吸引人气，为首都市民提供更多、更现代化的服务。因此，景观设计的策略是要营造更多的富于首钢精神的公共场所，让更新的城市空间发挥更大的价值。

在易兰的设计中，场所着力打造公共性与开放性。重塑的首钢不能仅是一种纪念碑式的精神符号，场所要回归到城市空间中去，为城市功能的拓展做出贡献。场地高差复杂、地下的新旧管网错综复杂，也是设计中面临的巨大挑战，通过精心的梳理，场地呈现出许多内聚适合交流的空间，精确的种植点位避开地下管网，为交流空间提供隐蔽。设计斟酌入微而不露痕迹。

首钢冬训中心在完成场地功能结构转化的同时，还建立了有利于生态环境可持续发展的统筹管理。设计师通过对工业遗迹的重新挖掘，丰富其使用功能以满足当代生活需要，并将其与自然景观有机结合，使场地具有多种发展的可能性，重新恢复了场地活力。各个工业遗迹之间产生了新秩序并且作为内含丰富的要素

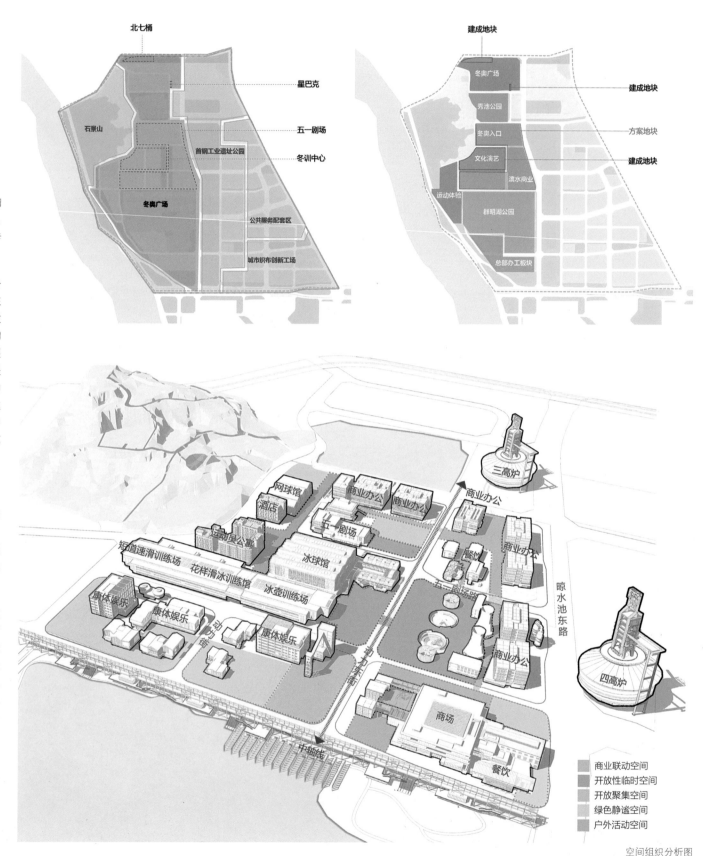

空间组织分析图

广场设计图

具有工业感的景观小品

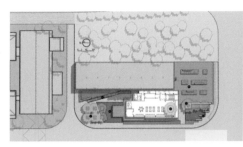   

和符号，成为景观的一部分。这里不存在传统园林中让我们习以为常的"完整、完全与完美"，取而代之的是"发展、变化和自由"。

Project Brief

The Shougang Steel Plant multi-phase gentrification, in the outskirts of western Beijing, transformed a brown field into a model of sustainable design. The collaborative multi-disciplinary project reinterpreted industrial and historical relics' value, transforming two areas of a post-industrial steel plant into one complex proudly showcasing its past.

The site is dominated by three-story tall steel towers, and remnants of rail tracks were cleverly incorporated into the linear stone and water landscape preserving the site's rich history. The stand-alone control room was converted into a Food and Beverage outlet, now operated by Starbucks.

Visual and cultural resources are intentionally preserved for all generations. The result is a host of contemporary multi-functional amenities including: museums, theaters, event plazas, trails, Olympic training facilities, pocket gardens, art showcases, and interactive water features. The metamorphic transformation results in a destination that drives economic revitalization, and imbues a rich sense of industrial, working-class history, while creating multi-dimensional visitor experiences. Office spaces and F&B outlets were incorporated within the monolithic structures, incubating multi-sized business entities and fostering a vibrant, entrepreneurial

星巴克咖啡厅

高炉夜景

北七筒区植物种植

community.

The project exemplifies social, cultural, and ecological resiliency for brown field sites across China. It is an aspirational and innovative blending of landscape design, architecture and infrastructure transformed this contaminated site into a verdant urban landscape, that illustrates the possibilities that result from design excellence, high work standards, and sustainable environmental practices.

咖啡厅室外水景

竹间小径

施工中的北七筒

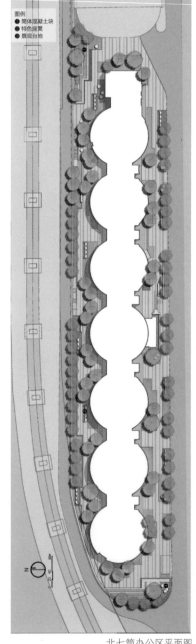

北七筒办公区平面图

北七筒办公区

厂区步行道

城市文脉的延续与再生
The Continuation and Regeneration of Urban Context

北京 1949 盈科中心商务会所
1949 the Hidden City - Factory Revitalization, Beijing

北京 1949 盈科商务会所隐藏闹市中，整体建筑融汇现代建筑理念与东方意韵，保留了老北京的记忆

获奖信息：IFLA 国际风景园林师联合会城市文化景观类荣誉奖，2019
第二届优秀风景园林规划设计奖，2013

项目位置： 北京市朝阳区
项目面积： 3910 平方米
景观设计： 易兰规划设计院
建筑设计： 易兰规划设计院
委托单位： 北京京成房地产开发有限公司

北京 1949 盈科中心商务会所位于北京东三环内，毗邻三里屯。该项目原来是 1949 年建成的一家以研究机械设备为主的工厂，占地面积约 6000 平方米，是典型的 20 世纪 50 年代的砖木结构工业厂房。近 60 年后，整个区域已经发展为繁荣的商业消费区、现代高层办公区与便利的交通位置于一体的 CBD 区域，而此厂区已废弃多年。易兰规划设计院担纲了本项目的总体规划、建筑及景观设计，根据项目地处高消费商务区和前卫文化聚集地的区位特点，以及将厂房功能转换为时尚商务会所的要求，易兰设计团队提出了"生态与重生"的设计改造主题，希望通过城市设计创作良好的空间环境，将艺术和文化观念结合到规划与设计之中，塑造美好的景观，焕发老厂房最大的潜力。

建筑与空间布局

整体布局在保留原有 10 栋厂房的格局上，通过建筑体量和交通路径的重新组织，创造出主次分明的总体关系、转折递进的空间序列以及内外流通的互动空间。把原本功能单一的厂房改造为多功能的现代会所，集合了艺术画廊、阳光室、中餐厅、西餐厅、贵宾室、面吧、酒吧等现代功能区，并创造性地将原冷却水井改造成时尚井吧，满足多样化的客户需求。

各功能区有相对独立的界定，同时通过窗户、景墙进行空间之间的渗透，保持了整体环境的流畅感，廊道则将各个区域串联成一个整体；框景、落地玻璃等使内外空间彼此对话；庭院餐饮、交通景桥、屋顶平台等不同标高的空间丰富了竖向层次，创造了多种空间活动模式，并增加了可使用面积。这些设计手法使该项目在有限的区域内得以灵活地适应各种使用功能和空间的需求，显现出加倍的空间效应。

建筑主体的改造强调"整新如旧"。一是将原有建筑进行加固和再利用。原建筑多为砖木结构，由砖墙承重。改造后的保留建筑基本为混凝土框架结构，砖墙主要起围合的作用，而且被拆除的老砖也重新被用来砌筑墙体或作为铺地材料。二是根据新的功能需要进

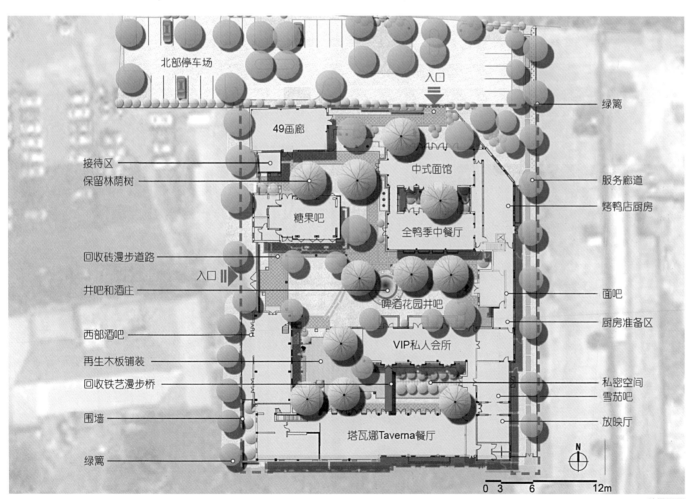

接待区
保留林荫树
回收砖漫步道路
入口 II
井吧和酒庄
西部酒吧
再生木板铺装
回收铁艺漫步桥
围墙
绿篱

北部停车场
入口
49画廊
糖果吧
中式面馆
全鸭季中餐厅
啤酒花园井吧
VIP私人会所
塔瓦娜Taverna餐厅

绿篱
服务廊道
烤鸭店厨房
面吧
厨房准备区
私密空间
雪茄吧
放映厅

N

0 3   6   12m

总平面图

行加建或材料转变，但尺度和形态仍和原建筑风格统一。如内院的咖啡吧采用了双层 Low-E 玻璃幕墙与深灰色钢结构框架相结合的方式，与原有砖房进行对接。原有大树予以保留，通过玻璃盒顶的开口让其继续生长。在旧建筑屋顶设置的采光天窗和简约的木质窗框百叶，将场地现状的浓密绿荫有机融合，与质朴的红色砖墙及灰色瓦顶共同形成了一个内外一体、生态重生的场所。

记忆元素再生

在项目的改造过程中，设计团队保留了大量拆除的旧材料，如设备桥、工业铁门等。这些"旧材料"经历了几十年的岁月洗礼，代表了一个时期的生产力，是历史上一段时期建造技艺的物化表现，也是场地内珍贵的历史记忆。修建过程中，设计团队在保留了建筑主体结构的同时，将场地中拆除的设备桥、工业铁门进行打磨翻新，并根据空间功能需求重组利用。工业废弃的木条，经过设计团队的加工和再利用，成了建筑的廊架。

场地内原有工业井被设计团队保留并加以利用，以原有外形结构为基础，配合玻璃和变色 LED 光源等现代元素，打造出颇具现代感的时尚井吧。设计师还将井内空间进行了巧妙地利用，改造成储酒的酒窖，成为场地内有效吸引顾客的一大亮点，实现井吧"新与旧""历史与时尚"的完美融合。

植物的保留

在绿化方面，设计团队充分尊重和保护原有的树木。多棵高大树木得到完整的保留并利用，形成颇具人气的露天餐饮区，并通过维护与补种的方式，使整体环境充满幽雅的艺术氛围。整个 1949 会所被掩映在郁郁葱葱的绿色中，成为一个隐于闹市的世外桃源。

艺术元素的植入

在艺术元素的植入方面，设计不仅保留了场地的工业感，更是将现代化的艺术气息融入其中。易兰设计团

夏天，"井吧"成为客人最喜爱的室外空间

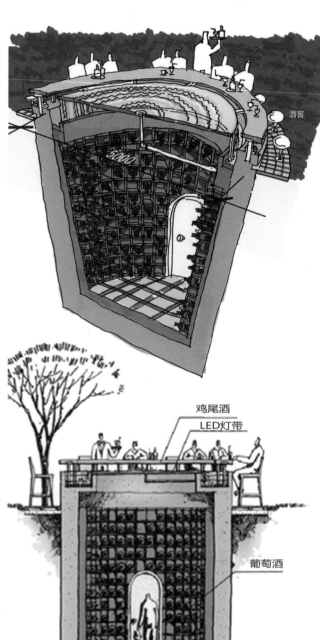

"井吧"设计图

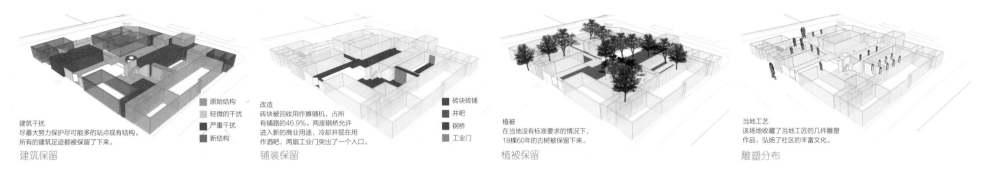

建筑干扰
尽最大努力保护尽可能多的站点现有结构。
所有的建筑足迹都被保留下来。

■ 原始结构
■ 轻微的干扰
■ 严重干扰
■ 新结构

建筑保留

改造
砖块被回收用作摊铺机，占所
有铺路的46.9%。两座钢桥允许
进入新的商业用途，冷却井现在用
作酒吧，两扇工业门突出了一个入口。

■ 砖块砖铺
■ 井吧
■ 钢桥
■ 工业门

铺装保留

植被
在当地没有标准要求的情况下，
18棵60年的古树被保留下来。

植被保留

当地工艺
该场地收藏了当地工匠的几件雕塑
作品，弘扬了社区的丰富文化。

雕塑分布

根据原有建筑物的特点，巧妙利用部分废弃材料进行加工设计，以增加会所的历史感。 交通路径的组织从狭窄的小巷进入，通过艺术展厅贯穿于开放的庭院空间中

根据原有建筑物的特点，巧妙利用部分废弃材料进行加工设计，以增加会所的历史感

队收集了大量民间艺术家的雕塑和景观小品，将其设置于场地的各个角落，或传统，或现代，或国内，或境外，不一而足、别具一格，使环境充满了艺术氛围。

民间艺术家的雕塑作品

在此项目中，易兰设计团队与规划、建筑、景观专业紧密配合，对于场地的分析也不局限于单一的景观环境中，而是同时注重附近区域的具体发展状况。北京 1949 盈科商务会所隐藏于闹市中，整体建筑融汇现代建筑理念与东方意境之精髓，保留了老北京的记忆，是一处古老文化和青春活力和谐混搭的迷人场所。

利用现状植物划分空间区域

使用艺术雕塑和景观小品

Project Brief

From an industrial warehouse ravaged by time, to a thriving commercial gem- the transfiguration of 1949 The Hidden City forms an iconic complex in the heart of Beijing. This captivating, social hub employs cultural preservation and material reclamation methods to contrast the monotonous high-rises of a profligate city. 1949 The Hidden City is indicative of Beijing's rich history. The landscape architect created a comfortably livable urban environment that honors the old, while celebrating the new.

扎根与放飞
Enriching Education, Inside and Out

北京乐成幼儿园
Play Garden for Yuecheng Kindergarten, Beijing

幼儿园鸟瞰图

获奖信息： IFLA 国际风景园林师联合会文化与传承类荣誉奖，2020　　项目位置： 北京市朝阳区
　　　　　　IFLA 国际风景园林师联合会经济效益类荣誉奖，2020　　项目面积： 9275 平方米
　　　　　　A' Design 意大利 A' 设计大奖景观规划与园林设计金奖，2020　　景观设计： 易兰规划设计院
　　　　　　　　　　　　　　　　　　　　　　　　　　　　　　　　建筑设计： MAD 建筑事务所
　　　　　　　　　　　　　　　　　　　　　　　　　　　　　　　　委托单位： 乐成集团有限公司

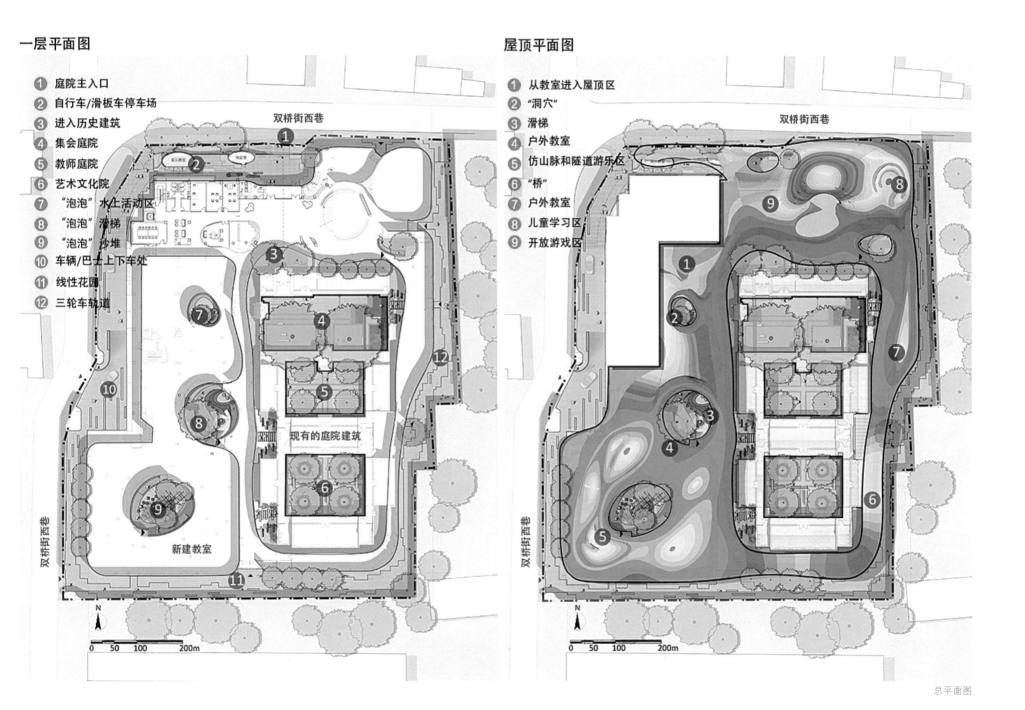

一层平面图

1 庭院主入口
2 自行车/滑板车停车场
3 进入历史建筑
4 集会庭院
5 教师庭院
6 艺术文化院
7 "泡泡"水上活动区
8 "泡泡"滑梯
9 "泡泡"沙堆
10 车辆/巴士上下车处
11 线性花园
12 三轮车轨道

双桥街西巷

现有的庭院建筑

新建教室

N
0 50 100 200m

屋顶平面图

1 从教室进入屋顶区
2 "洞穴"
3 滑梯
4 户外教室
5 仿山脉和隧道游乐区
6 "桥"
7 户外教室
8 儿童学习区
9 开放游戏区

双桥街西巷

双桥街西巷

N
0 50 100 200m

总平面图

部分细节设计

效果图

部分细节设计

乐成四合院幼儿园是乐成教育的重要基地，位于双桥地区。项目从一座传统院落到幼儿园的改造以及其漂浮屋顶花园的设计过程中，同时探讨景观再生，形成了古今辉映、中西融合的建筑特色。

2017年乐城集团召集教育、建筑、景观、室内等各专业背景的团队开始立项。易兰设计团队从项目的概念阶段介入，与MAD建筑事务所、幼儿园方一起就如何最好地利用该场地，共同打造室内外融合的开放性景观进行了合作，在新旧建筑的碰撞中赋予更多探索空间，给予幼儿园更宽广的活动场所。各设计方、幼儿园方通过周会的形式紧密沟通，历时2年，直到2019年一期建设完成，幼儿园开园迎来了新的使用者。

初始方案中，有大量的屋顶种植岛、廊道等设计，由于建筑屋顶跨度较大，无法提供足够的种植覆土荷载，在与建筑设计方多次沟通后，通过数次方案修改，将种植岛的数量减少。关于屋顶材料的使用，各设计方、园方经过多次讨论与研究后，最终决定将彩色混凝土改为可食用级别的环保塑胶，不仅轻巧、易施工、能应用于各种曲面设计，还能够保证孩子们的安全，适合四季户外使用。

在古建筑保护与空间局促的双重限制条件下，屋顶成为自由空间，是儿童活动的乐园。建筑布局呼应传统四合院的空间架构，在尊重原有的建筑轴线，对原有建筑进行保护与利用的同时，与周边现代建筑相结合，展开整体设计。新建部分围绕3棵大树形成新的院落，与四合院的院落空间呼应。景观设计上尽可能保留现状古树，去人工、重自然，运用不同质感的材料，激发孩子们的五感，使其在玩中学，体会最纯粹的历史与自然。

幼儿园入口

建筑布局

Project Brief

The rooftop of Yuecheng Kindergarten, located in the densely populated Chaoyang District of Beijing, China, is a uniquely shining example of a fresh concept in early childhood edu-tainment outdoor play facilities. The 99,830 square foot site itself is extraordinary. It is comprised of a 300 year-old courtyard home, carefully preserved from the Qing Dynasty, and a modern three-story office building completed in the 1990s. The ancient courtyard home - carefully and artfully preserved in the center of the new construction - was built as a gift for a Qing dynasty Emperor's favorite nanny. It is comprised of three courtyards with the original trees, planted three centuries ago, still standing. The new one-story kindergarten building, interwoven between the historic and contemporary buildings, fills out the entire site.

园林设计呼应四合院的空间架构，让小朋友直观地感受到古建的魅力

屋顶手绘图

保留场地现有大树穿过屋顶，形成上下层连通空间

屋顶细节局部

屋顶空间及保留的现状大树

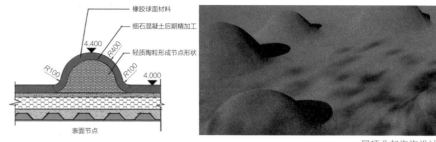

橡胶球面材料
细石混凝土后期精加工
轻质陶粒形成节点形状

表面节点

屋顶凸起泡泡设计

屋顶空间与连接地面的滑梯

屋顶廊桥

地面凸起设计

屋顶直接通向院落滑梯

原有大树与场地设计结合

栏杆及灯光设计实景效果

庭院夜景

留仙洞战略性新兴产业总部基地街道　　　　北京通州运河核心商务区街景设计

北京大望京　　　雄安高铁站门户景观얍岗新月绿谷　　长嘉汇大景区（弹子石片区）城市设计　　北京 CBD 生

青岛寰宇天下　　　怀柔科学城起步区　　　巢湖产业新城概念规划及重点区域城市设计　　　深盐道路项目

北京 1949 盈科商务会所　　　　　　　　　　　远洋乐堤港步行街　　　青岛万科小镇

远洋乐堤港步行街　　苏州太仓市阿尔卑斯小镇中心商业街　　宋庄小堡印象街艺术商

4 街景设计
Streetscape

城市街景是市民生活的重要构成，也是城市风格的基础元素。城市街道，作为城市的脉络，是市民的主要活动空间以及各种城市功能区块之间的联系和过渡。城市街景在一定程度上决定了市民的生活品质，反映出人们的艺术品味与素养。简·雅各布斯 (J. Jacobs) 在《美国大城市的死与生》中说"如果城市的街道看上去是有趣的，那么，城市看上去也是有趣的；如果街道看上去是乏味的，那么城市看上去也是乏味的"。如何让街道变得有趣，则是城市街景设计的重要任务之一，也是设计师需要着重思考的和着力的地方。

城市街区作为承载着市民日常生活的容器，理应包容着多样化的城市精神与价值表达，更应是人本关怀与便捷生活的和谐统一。但长期以来，在我国的市政管理体系中，街道大都作为市政交通的附属设施进行简单的修建和管理，缺乏对其生活属性及情感元素的研究，缺少从空间尺度、建筑立面、设施小品、装饰气氛等方面给予全方位的关注。具体地说，城市街景空间面临着功能结构"缺"、交通网络"断"、公共空间"差"、生态环境"弱"、历史文态"弃"等多重困境，因此城市更新应该从街入手提高公共空间的品质。

针对以上问题，笔者提出了街景重构的理念，将城市街道的多重要素综合考虑。应该指出的是，城市的天性是多样性的，现代大城市的本质是满足人类相互交错、相互关联的多样性需要。城市是个复合系统，城市更新应该通过将街区各个元素进行综合性的叠加和完善，通过叠加聚合，高效地发挥街区中各种元素分子的效能，承载人们的多元活动和多种需求。街景重构应该采取保留特色、提高品质的策略。笔者一贯反对大拆大建式的所谓城市更新，主张尊重城市生活的底层逻辑，采取修补式的叠加手段，以街景的尺度进行城市更新，延续城市文脉。再者，街区应注意用地功能复合与多元业态的融合，可以说多元业态是城市街道丰富有趣的重要因素，须加以注意。街景设计绝对不应该只是材料的简单陈列、空间处理手法的游戏。一个丰富的具有真正生活气息的街道景观必须产生于对周边业态、服务功能的深入分析与精心策划。街景缺乏趣味，很多情况下是因为街区功能过于单一，业态构成缺乏合理的规划。

笔者认为复合功能的街区可以有针对性地解决传统街景设计中存在的诸多问题，合理利用街道空间，满足当今社会需要，激发城市活力。街景重构即是重构富有人情味和特色的街道空间，创造丰富多彩的城市生活。

拆除围墙，重构街道空间边界
Remove the Boundary Wall and Reconstruct the Street Space

北京上地联想科技园街景提升改造
Lenovo Tech Park Streetscape Gentrification, Beijing

街角入口夜景

项目位置：北京市海淀区
项目面积：10000 平方米
景观设计：易兰规划设计院
委托单位：北京实创集团
获奖信息：IFLA 国际风景园林师联合会经济效益类荣誉奖，2020
第十届园冶杯市政园林单位景观类金奖，2019

项目位于北京市海淀区上地五街，是原联想集团全球行政中心，为封闭式园区。在新型城市更新采取的边思考、边实践的建设策略指导下，以街景重构理念打开围墙与城市实现资源、空间共享为目标进行改造。改造面积共计 10000 平方米，位于建筑南部。

依据现状制定了 5 大设计策略：

1. 取消现状围墙。绿色空间开放的首要前提是打破围墙的限制，实现园区内外城市界面的空间共享。将人员管理功能设置在建筑物入口。

2. 改善车行流线管理。原有门卫位于入口南侧，考虑到现今进园车辆多为拍照模式，将门卫设置在驾驶员出园一侧，便于日后车辆管理。

3. 提升入口广场。原建筑入口不明显，在地块西南角设置了形象入口，并设置了 LOGO 景墙为后期新企业入驻作准备。修改建筑入口广场形式，利用高差设计跌水水景与宽阔舒适的台阶共同构成建筑基底。一条笔直的路径将西南角广场与建筑入口连通，形成空间上的呼应。道路选择有花纹的浪淘沙石材，并且布置了 100×100（毫米）的嵌入式地灯，与周边场地空间材料进行区分。同时，为加强进入的仪式感，在入口景墙后方与路径右侧布置了圆形灯柱，灯柱安装了互动感应装置，夜晚有人通过时由白光变为黄光，在展示上地科技形象的同时，为进园者留下温暖的身影。

4. 增加休息停留空间。原有空间无任何停留区，本次设计设置了两处停留区域，座椅设计充分考虑了人体舒适，并选择彩色 PVC 作为凳面材料，更加耐久。即使是炎热的夏日，坐下的体感也非常舒适。休息空间都布置在林荫树阵的下方，充分考虑到遮阳及交谈休息等因素，为未来使用者提供更多户外休闲空间。

5. 打造街景形象。为迎接清河站交通枢纽的建设和日后增加的人流，将现有人行路进行拓宽，并打开两处路口空间形成小型街角广场。拓宽的人行路保留了

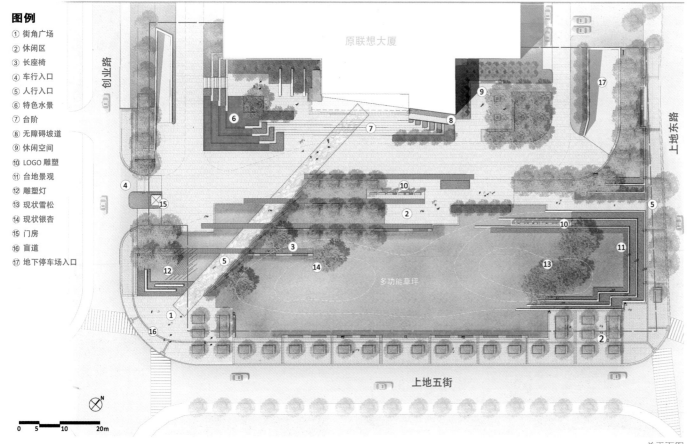

图例
① 街角广场
② 休闲区
③ 长座椅
④ 车行入口
⑤ 人行入口
⑥ 特色水景
⑦ 台阶
⑧ 无障碍坡道
⑨ 休闲空间
⑩ LOGO 雕塑
⑪ 台地景观
⑫ 雕塑灯
⑬ 现状雪松
⑭ 现状银杏
⑮ 门房
⑯ 盲道
⑰ 地下停车场入口

0　5　10　20m

总平面图

场地改造前

原有的行道树，并在东西两处街角广场补植同品种栾树，形成树阵空间和休息区。在项目还未完全竣工时已经有行人在树阵下方休息，充分证明了此类空间的必要性。改造施工过程中发现，现有行道树树根标高高于人行路路面，原设计的树池箅子无法施行。于是根据现状树木情况及街道空间进行修改，设计了高15厘米的树池，来充分保证原有植物的成活。

植物设计层面，原场地南部为大草坪区域，现状苗木仅有三棵雪松和三棵银杏及市政行道树栾树。设计在停留空间增加白蜡、银杏秋色叶树阵，形成林荫休息区；在建筑基底及西南、东侧入口区增加春季观花树种樱花。地被选用绿篱与观赏草结合的形式，强调空间层次。整个区域控制植物品种，形成干净完整的植物氛围。

此次改造作为上地街区的一处试点，为未来信息产业基地的升级开了个好头。总结从设计到施工的全过程，建议同类项目关注两个方面：（1）场地条件方面：改造现场需精准测绘，注意与周边界面的衔接，梳理场地交通流线，合理设置停留空间，严把细节质量关。（2）政策协调方面：关注施工范围内各地块权属问题，明确后期管理部门，确定资金来源与绿地指标的补偿。希望通过此类项目的探索可以让街景重构理论在城市中得以广泛应用，创造更多美好舒适的城市公共空间。

Project Brief

The Lenovo Tech Park is an urban renewal project that saw the transformation of a vacant, 1980s corporate administration headquarters, to an open and optimized park with contemporary streetscape in support of the establishment of the "Beijing Silicon Valley".

提升入口广场，利用高差设计叠水水景

打开建筑内庭，与街道连通，形成空间上的呼应

叠水水景

The ambition for this 10,000 square meter area was to fulfill two objectives. The first objective reorganizes the circulation and setting to create a verdant and vibrant hub providing office workers therapeutic views of nature outside their windows, as well as outdoor space to rest and rejuvenate. The other is to break the enclosed perimeter wall to open up the green space to contribute to the streetscape improvement of the neighborhood. Pocket parks lined with cherry trees and custom-designed benches drenched with sunlight or shad from the long-established trees were designed to appeal to a broad spectrum of people and lure them outdoors.

New brick-stone paving enhanced pedestrian circulation, while the streetscape was enlivened by varied lighting elements, water features, and two oversized word sculptures. The existing sidewalk, with large established trees, was widened by 3 meters, and continuous ground-to-lamppost lighting was added to enhance the high-tech, modernistic aesthetic.

The final product opened to enthusiastic praise from both the client and the general public, and is now a much cherished green oasis in the dense urban district.

场地内增加了多处休息停留空间

将现有人行路拓宽，并打开路口空间，形成型街角广场，为使用者提供了更多户外休闲空间

聚焦街边带，塑造城市特色
Focus on the Street Side Zone and Shape the City's Characteristics

浙江上虞e游小镇
E-Game Town in Shangyu, Zhejiang

休闲广场

项目地点：浙江省绍兴市
项目面积：3.2 平方公里
景观设计：易兰规划设计院
委托单位：上虞经济开发区投资开发有限公司

依江傍水的 e 游小镇坐落于绍兴市上虞城区的西侧、曹娥江畔，处于三环四环交界处，占地面积 3.2 平方公里。小镇的定位是以游戏、电竞、动漫等泛娱乐产业为导向的特色小镇。

凯文·林奇在《城市意象》中提出：道路、边界、节点和地标对于城市整体意象的营造起着重要作用。因此，如何利用点与线打造 e 游小镇特色，成为设计工作的重要课题。

根据项目的设计范围，易兰设计团队主要针对三级网络体系中的"点"和"线"两个空间特点进行了研究。"线"空间的现状较窄，城市界面缺少特色。在线性空间中，设计团队基于人活动的类型进行分析，发现越接近道路的边界，人群行为需求越多。而处于道路中行人、自行车和车中人的视域，对车道边界外，有效的感知范围为 10~20 米。因此设计团队根据人群活动需求、有效感知范围、较窄的设计红线和造价的局限等多条因素推导出，街边较活跃的地带是在靠近车道边界 10 米内。在这个范围内将公共空间与慢行系统相结合，打造新型多功能的街边活力带。"点"空间的现状，缺乏小镇形象标识和停留空间。根据不同点的位置，分级打造 e 游小镇的形象展示空间。通过运用线状和点状空间整体打造一个展现城市面貌的活力带。

设计团队将 e 游小镇的"漫"空间与活力带相结合打造一条承载多功能的"漫"活力带。方案基于"漫"交往，构建多维的交往空间；基于"漫"生活，打造一条连续的街边活力带；基于"漫"文化，塑造展现文化特色的标识节点。设计结合上虞市区进入小镇的参观路线，打造一条形象展示带、三大段和八个节点。方案根据上层规划中提出的三条带，以简洁现代的生产带迎宾，运用自然浪漫的曲线构筑滨水生态带。在标志节点处，以 e 主题的特色构筑物贯穿其中，突出 e 游小镇的特色。

总平面图及鸟瞰效果图

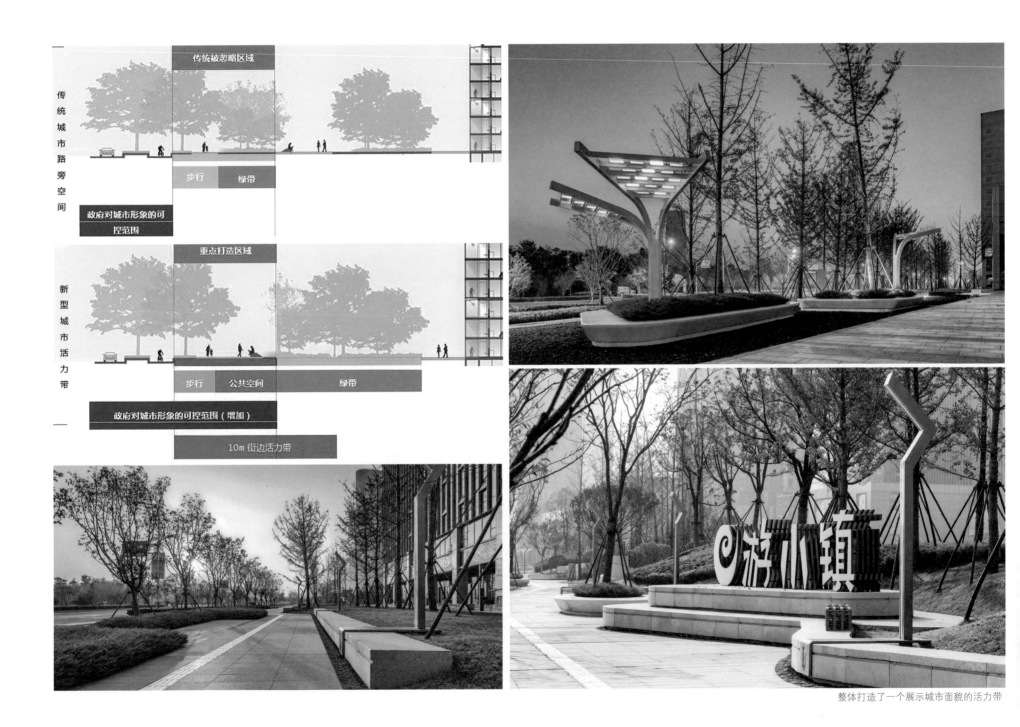

传统城市路旁空间

传统被忽略区域

步行　绿带

政府对城市形象的可控范围

新型城市活力带

重点打造区域

步行　公共空间　　绿带

政府对城市形象的可控范围（增加）

10m 街边活力带

整体打造了一个展示城市面貌的活力带

休闲广场效果图

以 e 主题的特色构筑物贯穿其中，突出 e 游小镇的特色

休闲广场效果图

Project Brief

The innovative e-tour town is located waterside, on the west side of Shangyu, of Shaoxing City, on the banks of Cao'e River. The site is at the junction of the town's third and fourth ring roads, covering an area of 3.2 square kilometers. The town is fashioned as a traditional village anchored by pan-entertainment enterprises such as games, e-sports, and animation.

Based on the three belts proposed in the regional land use plan, the plan welcomes guests with simple and modern production green belts: utilizing the charming natural curves to build an ecological waterfront belt; characteristic landmark structure nodes with e-themes run through the waterfront, highlighting the characteristics of the town's e-tourism zone.

小镇 LOGO 展示景墙

项目运用线状和点状空间整体打造一个展现城市面貌的活力带

中联智慧产业城办公与研发中心、地景厂房景观设计

北京师范大学沙河校区

北京阳光保险

北京中关村集成电路设计园

郑州中绿大园

东莞 33 艺术小镇

陕西 - 西咸新区泾河新城"院士名

银基造梦工厂 办公景观

秦皇岛金山国际现代新兴服务产业园

BUSINESS GARDEN 通州金融街园中园

中国电子西安产业园

北京 1978 文化创意园

雄安新区绿色建筑展示中心景观设计

北京四季青绿色产业园

北京望

5

办公园区
Office Park

随着我国经济的飞速发展，很多城市都涌现出了类型丰富的办公园区，包括：政务、商务、科技等不同职能。园区是多功能、复合式的平台，它是一种能为不同的用户群体提供全天候活动的场所。成熟完善的园区不仅是区域内产业、人员的聚集地，也能有效推动城市产业集群、产业链条建设和产业品牌打造，对于提高区域乃至整个城市经济实力与城市竞争力具有极为重要的作用。

随着文化、物质水平的不断提高，人们对生活、工作环境的要求也越来越高，各种办公园区已经成为人们日常活动中仅次于居住区的"第二场所"。在这样的背景下，办公区空间已经不仅仅是满足单一的办公需求，还融入了更多的使用需求，并成为城市公共开放空间的重要组成部分。这就要求园区的规划设计，需要在符合城市整体规划的前提下，根据其特定职能属性，充分利用区域内现有的基础设施，结合当地的经济发展和城市文脉进行专项设计。良好的园区景观，对提升园区形象，促进园区运行效率，从而实现园区和区域的共同发展，具有重要意义。

政务园区作为政府办公机构集中的地区，是城市的行政中心和公共活动中心，是城市功能分区的重要组成部分。政务园区的景观面貌作为政府给公众的第一印象，高品质的园区景观规划就显得尤为重要。营造一个正气凛然、开场明亮、亲切宜人的现代化办公园区面貌，是大部分政务园区设计的目标。政务园区多采用轴线式布局，在园区及周边地区构筑一个独特、协调、整体的景观空间，同时需要处理好和园区周边区域功能空间的合理衔接。商务园区是城市中商务活动最集中，经济地位、经

济凝聚和辐射作用最显著的地区，通常处在城市核心地带，是一个城市甚至是国家的经济实力和城市形象的标志。商务园区由于自身性质和客观条件所限，是寸土寸金之地，所以景观设计的空间结构趋向立体化，提倡高密度、小尺度的人性化设计。充分挖掘空间，满足功能需要，更应充分考虑到使用者对景观的感受，人与人的交流。让使用者对园区产生亲切感、归属感和认同感。科技园区（Central Intelligence District，CID），作为一个新生事物还没有明确的定义，多以高新技术产业相关活动高度聚集为特征，能形成区域产业链并具有一定的辐射影响力。国内外的科技园区，大多位于城市郊区，其规划设计既受到市区空间外溢效应影响，又受园区内部各个空间要素的制约。设计过程中，不仅要协调和优化园区内部各个要素的发展和联动，还要考虑园区与城市之间的关系与未来发展趋势。

园区虽然职能各有不同，但多呈现集中式布局的特点。与此同时，园区景观的半公开、半私密成为其最特别的属性。在园区景观设计中要遵循"以人为本"和"以自然为本"的原则，实现园区的标识性、全时活力、人车分流等设计要求，使其景观既与周边环境和谐共生，又有各自的功能与界限，使空间立体化，功能多样化、人性化，推进城市肌理，形成城市文化中心。传统园区空间的景观处理，更多的是在一个相对较为封闭的商业空间内进行的，而随着社会的发展，不仅身处园区内的人们在办公的同时，对园区空间的景观性和休憩功能的需求更为强烈，一些商务空间还成为城市公共空间的一部分，从相对封闭的内部空间变成开敞的城市公共空间。简单、开放的空间组织，大面积的绿地和铺装，以及精致的设计细节，为附近工作和居

住的人群提供了一个方便可达、开放复合的城市空间节点。这种兼具开放性和私密性的景观空间，大大提高了场地的影响力，形成亲和开放、聚集人气、迸发活力的理想园区空间，成为使用者的互动交流空间和周边居民的户外休憩社交空间，越来越成为当下园区设计的一种趋势。比如京东总部园区、融科资讯中心等，均通过景观的改造大大提高了原始场地的影响力，为人们提供了一个理想的商业空间，形成良好的品牌效应和口碑效应，成为优秀的城市公共空间典范。

简约纯净，由表及里
Simple and Pure from the Outside to the Inside

北京京东集团总部园区
Landscape Design for JD.COM Headquarters Office, Beijing

项目将京东总部附属绿地与周边市政绿化带一体化设计，满足功能需求的同时，与周围环境充分渗透互融，为城市贡献一处良好的开敞空间

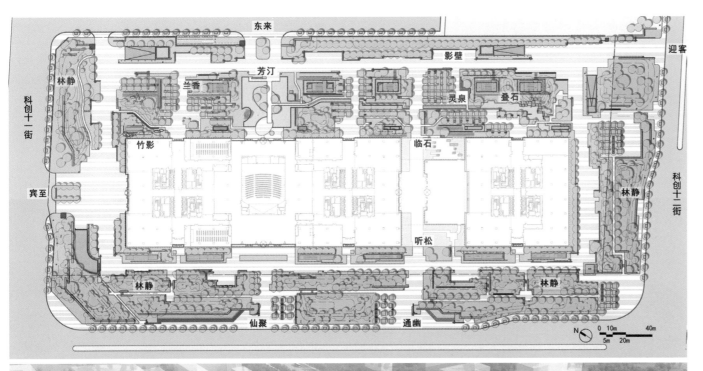

项目位置：北京市大兴区
项目面积：43100 平方米
景观设计：易兰规划设计院
建筑设计：伍兹贝格建筑事务所
委托单位：北京京东世纪贸易有限公司
获奖信息：BALI 英国景观行业协会国家景观奖，2017
　　　　　北京园林优秀设计奖，2016
　　　　　美居奖中国最美公共景观，2016

京东集团总部位于北京市大兴区亦庄，总设计面积
43100 平方米，易兰设计团队负责该项目的景观设
计，包括从方案到施工图的全程设计，其中红线范围
内的建筑附属绿地面积 29000 平方米，市政绿化用
地面积 14000 平方米，绿化覆盖率达 51%。

京东集团（JD.COM）作为中国最大的自营式电商企
业，京东集团总部建成了一个崭新的网络与数字化天
地。因此，京东集团总部的景观设计围绕企业文化的
内涵，以"e 江南"为主题营造品味高雅的文化环境，
将"电子科技"与"古典园林"相结合，在中国古典
园林深入人心的意境中加入了实用功能和科技元素，
彰显当代属性同时保留了一份文化记忆。设计中大
量使用简洁的造型元素，创造出供员工和游客休憩、
交流和活动的户外空间。整个区域交通流畅、功能
明确。

易兰设计团队使用了新的造园技术和造园材料，采用
了便于管理和维护的乡土植被，在提升景观效果的同
时降低了后期管理的成本。项目创造性地将京东总部
附属绿地与周边市政绿化带进行一体化设计，在打造
满足当代功能需求的城市公共开敞空间的同时，让场
地设计充分与周围环境渗透互融。

于现代环境中追求文人的意境

易兰设计团队在古典园林精髓中寻找设计寓意、内涵
与元素，删繁就简，摒弃程式化的设计。在园区中选
用的正红色，既是京东集团的标志性颜色，又是体现
古典韵味的"中国红"。园区的座椅、灯柱、树池等
户外家具均有这种颜色元素，在郁郁葱葱的植物背景
中，显得十分醒目。景观小品的造型也是别具一格，
体现东方情趣。

设计以传统园林中常见的影壁、翠竹、条石、屏风为
灵感，将江南古典园林的造景手法与现代园林相结
合。场地内有一些不美观的建筑附属设施凸出地面，
通过影壁围合，既遮蔽了设备，又形成大小错落、可
分可合的空间。依据位置与功能的不同，设计团队将
场地分为"宾至""通幽""林静""芳汀""灵泉"等区

总平面图及鸟瞰效果图

域。每个区域在功能有所区分的基础上，力图展现出不同的文人意境。在继承古典园林营造意境的基础上，创造出符合现代人生活的清新、简约的表现形式。

"灵泉"与"芳汀"由水系相连接，给企业带来生机和活力，象征财源滚滚。错落有致的山石，营造一种"虽在城市，有山林之致"的办公环境，让人们能够产生寄情于山水的雅兴。"灵泉"区域引入传说中的长生灵泉，植物配置考虑水径的特性，充分利用景与影关系，拉深景深，给人以想象的空间，利用银杏与樱花两个相互融合的主景树阵将两大主景区联系起来，相互融合渗透。在设计语言上进行创新，在造景手法上追求意境。步移景异的小径之中，园灯的设计则取材于家具宫灯，得其韵味，去其繁形。

"芳汀"区域是建筑主入口处的一片水景，位于场地东侧。静水面中央设置了圆形平台，五棵点景树形成视觉焦点。踏水而入，隔岸观花，营造出"伊人在水一方"的诗意画面。紫丁香等芳香植物则为员工和游客提供了全新的景观体验。在影壁分隔出的大小空间中，偶尔出现花卉类植物，点缀其中，是谓"芳汀"。"芳汀"区域被大片静水面围绕，植物在选择上注重高大、形态开展、枝条苍劲、寿命长等特点，最终选择国槐点景于大片草坪中，给人以纯净、自然、开阔的感觉。静水面、屏风、景石配以早园、优美特性树，充分体现中西方及古典与现代的完美结合。

"宾至"区域位于场地北侧沿街，是场地的主入口，空间开敞、造型简洁，给人"宾至如归"之感。企业logo与雕塑群被设置在这里，体现企业形象。"宾至"主入口区采用高大特选树以彰显京东的势力与大气。运用色彩鲜艳的时令花卉，以体现京东人的热情。"兰香"区域采用大片玉兰树阵以契合兰香主题，营造鸟语花香的办公环境。早园竹也被大量运用，以塑造古典而优雅的文人意境，狼尾草和细叶芒等乡土植被为场地带来了几分自然与朴拙之美。"竹影""临石""听松"三个区域是与主建筑相邻的室外庭院空间，设计师利用竹、石、松等古典园林中的代表元素，形成框

景，营造精致的小空间。通过步移景异、小中见大的造景手法的运用，营造出生动有趣的办公空间，满足企业的多层次需求。

屋顶庭院中简洁的窗架与繁茂的竹叶相互映衬，窗上字符的投影与婆娑的竹影相得益彰。

人工与自然元素的互融

京东集团总部的主体建筑占据着场地的中心位置，整个建筑由若干长方体组合而成，造型简洁，充满现代感。设计师从建筑外立面的肌理提炼出条形元素，进一步衍生出由一系列有韵律和节奏感的条形元素构成景观基本架构，这一元素被融入该设计的各个方面，包括整体形态、地面铺装、景墙与城市家具。铺装设计中审慎地考虑绿地与硬质景观的搭配，场地设计中条石铺装与绿地相互交错，完美地融为一体。为了便于雨水资源的收集和利用，取消道路路缘石，使得车行道、人行道以及广场上的雨水，可以直接的排放到草地上，观赏草直接得到雨水浇灌，形成一个大的雨水花园。

景观小品的造型别具一格，体现东方情趣。人与自然的融合，空间的交互，体现"天人合一"的哲学思想，也是中国文人的内心诉求。设计中大量使用简洁的造型元素，创造出供员工和游客休憩、交流和活动的户外空间。设计师将条石铺装与绿地相互交错，完美地融为一体。早园竹被大量运用，以塑造古典而优雅的文人意境，狼尾草和细叶芒等乡土植被为场地带来了几分自然与朴拙之美，紫丁香等芳香植物则为员工和游客提供了全新的景观体验，整个区域交通流畅、功能明确。

清新简约的植物设计

在园区植物设计中，弱化了"乔、灌、草"传统设计模式中的灌木层，希望能够产生一种纯净、透明、现代的效果。同时，将这种设计审美与京东集团现代、高效的企业文化相结合。整个场地以大面积充满原野气息的观赏草为基底，叠加井然有序的树阵。

设计融入了传统园林中常见的影壁、翠竹、条石、屏风等元素，将江南古典园林的造景手法与现代园林结合

在植物设计中，弱化了"乔、灌、草"传统设计模式中的灌木层，营造纯净、透明、现代的景观效果

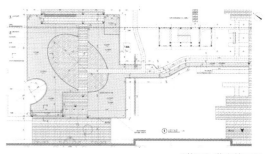

"芳汀"节点施工图

京东集团总部景观设计中视线更通透，构图感更强，植物配置纯净而不杂乱，产生一种现代感。项目中选用了很多观赏草，达到现代、纯粹、生态的审美效果。人们既可以欣赏观赏草盛夏观赏期的壮美，同样也有初秋枯萎期的唯美。园区设计中选用耐旱、耐修剪、容易维护的细叶芒、狼尾草、狗尾草、芒草、针叶芒、卡尔拂子茅、蒲苇等观赏草品种。观赏草与设计小品相结合，利用细叶芒与狼尾草的柔性美与简约挡墙、坐凳的刚性美相交融，利用卡尔拂子茅相对直立的形态与整洁的树阵相搭配，充分体现简洁、纯粹、统一、现代又总体不失自然的办公环境。

植物设计采用点线面相结合的手法，整体化一地体现了纯粹、统一的效果。结合园区平面布局通过"林静"这条基线串联"东来""迎客""宾至"等点（点景树）及"芳汀""灵泉""兰香"等面（片植树阵），形成一个统一又富有变化的设计框架；主要采用乔、草简洁的搭配形式使得视线更通透达到简洁、纯粹、统一、现代的效果。植物设计思路是希望能够产生非常干净简约的设计效果。采用形态上能够成行成片的玉兰、银杏树阵，另外，选用了一些国槐作为遮阴树种。

植物设计遵循了适地适树、三季有花、四季常青的原则，具体运用时选择形态精简干练、契合节点主题的品种，同时满足品种本身习性要求及与硬景的搭配效果。利用观赏草的特点又使得园区不失自然、生态、野性，以体现企业现代、高效、超前、高瞻远瞩、人文关怀等特点。植物是构成空间的重要元素。设计者在室内通过墙壁、布帘等物体来围合空间，而在室外，植物的枝干、叶子、铺满植物的地面则成为形成户外空间的主要材料。人们在户外会开展不同的活动，需要不同尺度、不同氛围的空间。主体建筑西侧是车行主入口，也是企业面对所有到访者的形象窗口，丽影婆娑的植物生长在入口两侧，为京东集团总部大楼营造了一个优雅大气的开场。

静水面和点景树交相呼应，为员工和游客提供了全新的景观体验

"芳汀"景区位于建筑鸟瞰视角下的核心区域，一方

镜面水池，中央椭圆形草坪上点缀的七株元宝枫，使园林在宁静沉稳中散发出东方美，来访者能够踏水而入，隔岸观花。在接待厅室外，以竹林为背景营造出精致的对景小空间，形成框景。在项目东侧的银杏林，笔挺的树干和整齐的阵列勾勒出规整的线条，与主体建筑相呼应。

东北片区则相对灵动活泼，樱花等观花植物更为该区域营造自由烂漫的氛围。而在树阵广场相间种植了樱花、栾树等具有很高观赏价值的乔木、乔灌木，形成了良好的韵律感和节奏感，夏天为行人提供丰富的树荫和林下活动空间。建筑物南侧场地整体比北侧窄，设计了一定的地形起伏增加游园趣味。东南侧种植空间相对闭合而自然，多常绿植物和大乔木，提供了丰富的乘凉场所，在建筑南侧大乔木也能生长更旺盛。顺着园路向西漫步可来到合欢树阵广场，为自然婉转的种植空间增加几分硬朗。西南侧与东南侧大致相同，形成整个建筑物南侧丰富灵动的种植空间，用林荫效果与挡墙营造出城市界面的入口小广场，游走其间体验花明柳暗又一村的美妙意境。

Project Brief

The motivation behind the landscape design is to blend a contemporary corporate headquarters with traditional Chinese gardening elements, creating relaxing, delicate spaces to provide an escape from the challenging work life.

The philosophy of "harmony between mankind and nature" is fully embodied in this "Contemporary Literati Garden" design. The design concept of combining modern "Electronic Business" and traditional "Chinese Garden"

设计中大量使用简洁的造型元素，创造出一个供员工、游客休憩、交流和活动的户外空间

在继承古典园林营造意境的同时，创造出符合现代人生活的清新、简约的表现形式

散置φ30~50黑色卵石
80×80×3乳白色亚克力灯罩
由专业厂家定制安装
4厚彩色不锈钢板（京东红）盖板
可拆卸，由专业厂家定制安装
100×20×4碳色拉丝不锈钢扁管

① 景观灯柱顶视图 1:15

40×40×4彩色不锈钢
方管（京东红）
散置φ30~50黑色卵石
100×20×4碳色拉丝
不锈钢扁管

② 景观灯柱平面图 1:15

80×80×3乳白色亚克力灯罩
由专业厂家定制安装

4厚彩色不锈钢板（京东红）
做U形槽

40×40×4彩色不锈钢
方管（京东红）

40×40×4彩色不锈钢
方管（京东红）

100×20×4碳色拉丝不锈钢扁管

③ 景观灯柱立面图 1:15

80×80×3乳白色亚克力灯罩
由专业厂家定制安装

4厚彩色不锈钢板（京东红）
盖板，可拆卸，由专业厂家定制安装
4厚彩色不锈钢板（京东红）
做U形槽
预留管线（详见电施）
40×40×4彩色不锈钢
方管（京东红）
20×40×4彩色不锈钢
方管（京东红）

100×20×4碳色拉丝
不锈钢扁管
散置φ30~50黑色卵石
5厚碳色拉丝不锈钢扁管
地下部分详见结构

④ 景观灯柱1-1剖面图 1:15

园区各处都用了正红色，既是京东使用的标志性颜色，也体现东方古典的特殊韵味

126

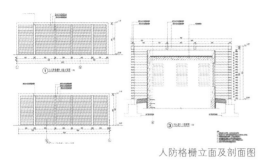

人防格栅立面及剖面图

elements creates a unity of opposites.

Traditional Chinese landscape elements such as screen walls, bamboo, grass-edged pavement, and still water surfaces inspired the design to create functional spaces of different scales and openness to satisfy guests.' diverse needs.

通过步移景异，小中见大的手法运用，营造出生动有趣的办公空间

商务集群空间的有效组织模式
Effective Organization Model of Business Cluster Space

北京通州金融街园中园
Financial Street Business Garden Tongzhou District, Beijing

园区入口景观

项目位置：北京市通州区
项目面积：56 公顷
景观设计：易兰规划设计院
委托单位：金融街（北京）商务园营业有限公司

设计概念

对于多数现代人来说，一生中的大部分时间都会在办公楼中度过，缺乏与自然的联系与互动。我们希望通过打造一个绿色生态的办公园区，来确保使用者能拥有更多机会融入自然之中。

园区景观的设计遵循"绿色创园、生态办公"的设计理念。方案平面构成上，将叶的生长脉络烙印在场地上，作为场地的肌理。同时取植物伸展与生长的寓意，预示着企业的生机勃勃与长久发展。

场地特色

为场地赋予绿色生态、互动共享、艺术美感的特色标签：通过生态系统构建，打造办公呼吸面；通过互动式办公空间的打造，增强使用者安稳的归属感；通过艺术化处理手法，赋予每个细节灵魂。

生态系统构建，打造办公呼吸面

在高密度的城市大环境中，设计团队尽最大可能保证了绿地系统的完整性，打造了一个绿地率高达 70% 的办公园区。园区周边被大面积的市政绿化所包围，办公楼如同从森林中生长出来。场地内部是 2 公顷的中心绿谷，如同一个天然氧吧，为使用者带来清新自然的公园化办公体验。

互动式办公，营造安稳的归属感

注重场地的共享属性，为使用者提供了多样化的互动交流空间，满足工作、休闲、社交等需求。让企业员工的活动圈子不仅仅局限于办公楼内，为户外办公提供更多的可能性。场地中心的景观草坪以及草坪中设置的条形台地座椅为较大型的集会活动提供场所，林下的休憩空间作为小规模的办公、社交、休闲场所使用。

艺术化处理，赋予每个细节灵魂

打造有细节、有设计的园区景观，大到构筑物的设

总平面图

园区绿化率高达 70%，为使用者带来了清晰的自然的办公体验

计、座椅的样式，小到种植池的造型、格栅的样式、路缘石的宽度，都体现了精细的推敲与设计。

园区风格

园区整体风格为符合当代人审美和需求的现代简约风格，更注重使用者的体验和感受而非华丽的设计。希望通过简洁飘逸的曲线条构图、线性的种植形式、疏密有序的空间布局以及灰色的整体铺装色调，打造一个清新舒朗的办公园区，为使用者提供更加人性化的办公环境。

Project Brief

The landscape design of this office park in the Tongzhou District of Beijing follows the "green park and ecological office space composition" design concept. The growth veins of the leaves are imprinted on the site as the symbolic image of the site's landscape. Taking the essence of plant growth and its live expansion indicates the vitality and ongoing long-term development of the enterprise.

项目注重场地的共享属性，可满足工作、休闲、社交等多种需求

简明与开放的政务空间
Concise and Open Government Affairs Space

北京市行政副中心办公区
Administrative Office Area of Beijing in Tongzhou

内庭中使用简洁的廊架，营造了一种舒适大气的景观氛围

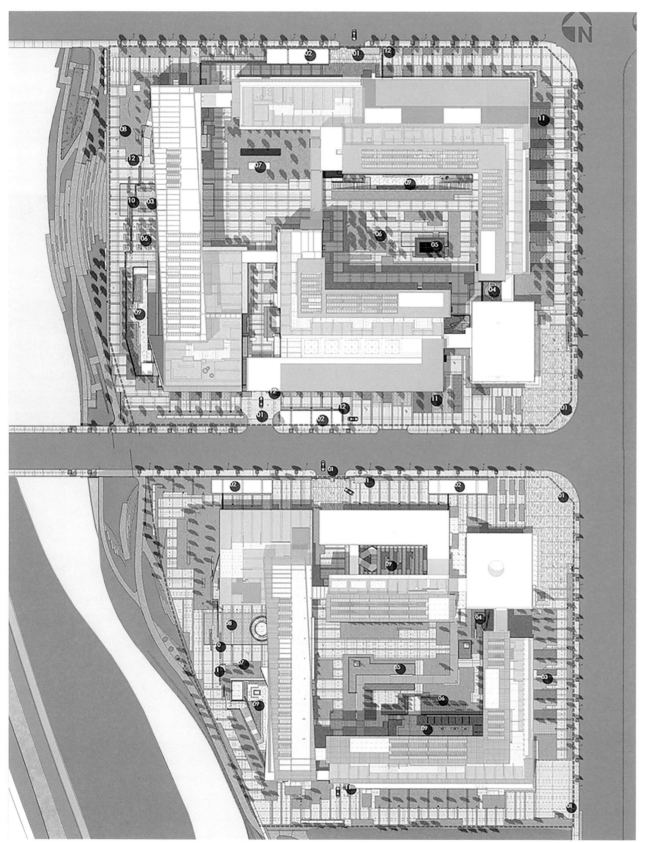

项目位置：北京市通州区
项目面积：4.5 公顷
景观设计：易兰规划设计院
委托单位：北京市通州区政府
获奖信息：中国建设工程鲁班奖，2018-2019

地块位于北京行政副中心行政办公区西北角，总占地面积 4.5 公顷，建筑整体设计偏现代风格，景观设计采用现代手法和传统要素相结合，色彩以浅灰和深灰为主色调，延续建筑设计理念，以"横纵"为人工骨架，以"河畔"为自然基底，采用古典皇家园林"庭园"的布局形式，结合自然生态的景观设计手法，满足园区"活动与接待"需求。项目传承中华文脉，汲取中国文化精髓，融合现代景观设计手法，提取中国山水画的元素：山、廊架、树林、叠石、笔墨，营造出艺术、办公一体化的精神家园。

本项目包括城市界面、滨水界面和庭院界面三大景观界面。城市界面空间北侧、东侧紧邻市政通行道，是园区对外展示空间，风格注重简洁、规整，以白蜡、白玉兰、八棱海棠等植物组成的树阵及树池座凳为主，出入口处配植日本早樱烘托气氛，局部以板栗、丛生元宝枫点景；滨水界面休闲空间将丰字沟水源引入办公区域，同时也是政府办公建筑向市民展示的主要界面，以白蜡、银杏等高大乔木以及开花乔木八棱海棠等组成树阵广场以丰富建筑立面，局部视觉焦点位置孤植丛生元宝枫、板栗等植物，来营造庄严肃穆的仪式感；庭院界面是行政办公的内庭景观空间，为办公人员提供放松休憩的场所，运用中式造景手法将空间围绕中庭依次展开，列植白蜡、银杏等色叶乔木，局部点缀大乔木及日本晚樱、西府海棠等开花小乔木，烘托静谧、精致、宜人的景观空间。

B3、B4 地块平面图

内庭景观空间

内庭细节

Project Brief

The site plan and landscape design for Beijing's New Municipal Administrative Office Area is located in the northwest corner of the massive administrative office area of Tongzhou Administrative Sub-center, with a total area of 45,000 square meters. The overall building design is stylishly contemporary. The landscape design adopts a combination of modern techniques and traditional elements. The architectural design concept uses mainly a light and dark gray color scheme, and consistently uses grid alignment as the artificial skeleton, and the river banks as the natural base. The design adopts the layout form of the classical royal garden landscape, and combines a variety of natural ecological landscape design techniques to meet the needs of reception and activities in the office park.

整体风格简洁，通透，为办公人员提供放松休闲空间

办公区域设计小型薄水面，打造舒适宜人场地

中关村 CBD 城市客厅
The Outdoor Living Room of the CBD in Central Urban Area

北京融科资讯中心 B 区
Raycom Infotech Park B Landscape Design

整体鸟瞰图

项目位置：北京市海淀区
项目面积：20600 平方米
景观设计：易兰规划设计院
建筑设计：SOM 建筑设计事务所、PCP 建筑设计事务所
委托单位：融科智地房地产服份有限公司
获奖信息：BALI 英国景观协会　国家景观奖，2017
　　　　　北京园林优秀设计奖，2017
　　　　　SRC 街景设计奖卓越奖，2019

"天空之眼"采光面设计

总平面图

北京融科资讯中心 B 区位于北京市中关村核心商务园区内，总占地面积 20600 平方米，其中景观占地面积 16000 平方米。融科资讯中心是集国际甲级写字楼、涉外酒店式公寓、专属会所、会议会展等多种现代商务功能于一体的综合商务园区，由美国 SOM 建筑设计事务所担纲设计，易兰设计团队负责了该项目的园林景观概念、方案、施工图等重要设计（包括种植设计、铺装设计、构筑物设计、结构设计、水景设计、照明设计以及施工监督等）。

易兰设计团队提出"在花园里办公"的设计理念，重新定义了场地入口空间，增加了景观视线的聚焦点，提高了入口辨识度；考虑了室内景观视线，来形成立体界面景观空间；使商业广场整体化，形成良好的景观界面，营造出一个充满活力与现代气息的开放景观体系。将从前那个无序的、未充分利用的户外区域转化成一个办公空间与市民休闲娱乐空间有机结合的"城市客厅"。融科资讯中心成为北京二环旁边的地标性建筑，该项目公共空间的园林设计极大改善了城市周边环境，营造出一个开放亲和的景观空间体系。

动静皆宜、现代简洁

易兰设计团队在该项目中充分考虑了景观与建筑设计风格的协调与统一，提炼出建筑立面设计中极具现代感的肌理元素，使整体构图简洁大方、色彩淡雅，以直线和折线元素贯穿在铺装、植被、小品等不同的设计细节之中，在植物的选择上强调树荫、高矮和色泽，三者缺一不可。

融科资讯中心的入口处采用了"天空之眼"的设计，利用薄的水膜覆盖在玻璃上，产生一种通体透明、纯净的效果，由水膜下的灯光变化，创造出第五立面。从高楼向下俯视，能够看到"天空之眼"异彩纷呈的夜景效果，像城市眼睛在眨动一样。"天空之眼"的设计将室内外景观融合起来，形成相互呼应的效果，通透的阳光通过水面和玻璃折射到地下的墙壁上，产生斑驳的水景效果，为静谧的空间加入一丝动感。建

139

成后，这里已不再是一个简单的办公空间，更是一个提供市民休闲娱乐空间的"城市客厅"。

塑造充满活力的城市空间

设计对场地的交通流线进行了改造，在办公楼前设置交通环岛，以增加各个方向的出口，方便来往车辆通行，减少车辆行驶冲突，有效地完善和补充了场地的人行流线与交通组织，解决了原有场地因单向交通引起的交通混乱的问题。将商业街打造成一个没有交通干扰的宁静户外空间，为市民创造了一个可以购物和放松的理想公共区域。设计团队将办公楼的办公空间边界与台地结合，创造了开敞共享的临街界面展示空间，形成了一个极具亲和力的"城市客厅"。同时对商业入口水景进行了改造，在原有银色不锈钢边水景挡墙外侧加建一层 600 毫米厚的花岗石石材，从而大大降低了使用者磕碰的危险；这种人性化的细节设计，增加了使用者与景观的互动，吸引更多的游客参观访问。

追溯历史，保留企业文化形象

场地入口处的联想小屋旧址被保留在这片现代建筑群中，因为它不仅见证了联想创业历程的初期阶段，也是联想的起源和精神的象征。设计团队通过重新扩大其周边的绿色空间，利用人行道，将游客引导至联想小屋纪念花园，配以"水滴石穿"的水景小品，让人们在此休息的同时能够感受自然的更替和时间的流淌，也能对联想的创业历程形成一种思念的回味。此处的设计赋予了联想小屋重要的历史纪念意义，大大提高了其在场地中的地位。

项目建成后，整个区域从一个相对封闭的商业空间变成了一个开敞的城市公共空间。简单、开放的空间组织，大面积的绿地和铺装，以及精致的设计细节，为附近工作和居住的人群提供了一个方便可达、开放复合的城市休闲空间。通过景观的改造，大大地提高了原始场地的影响力，打造了一个理想的商业空间，形成良好的品牌效应，吸引了谷歌、英特尔、联想等世界 500 强公司纷纷入驻。

充满活力的办公休憩空间及面向城市街道的音乐水景

北侧音乐喷泉水景

办公区景观鸟瞰实景

Project Brief

This project involved refurbishing an existing urban space within a mixed-use commercial and office park in the central district of Beijing, China. The site design creates an urban space that not only serves many high-end corporations that choose to rent there, but also extends outward to provide inviting spaces and relaxing experiences for the nearby downtown residents. It's ideally suited for hosting various outdoor public and private events.

By redefining the entryway space, the enhanced landscape renovation improves the identification of the entrance. It emphasizes the main entry of the office building while separating the flow of pedestrians and vehicular traffic to the office buildings and commercial shops. The redesign of the space around Lenovo Cottage refreshes the historic character of the site. The spirit of Lenovo's motto: "Constant effort brings success" is creatively represented in an especially designed water fountain featured on the site, near the Cottage.

改造后的联想小屋及寓意企业文化的"水滴石穿"水景

北京融科资讯中心 B 区

临街景观

文化与场所
Culture and Place

北京化工大学东校区景观提升改造
Landscape Improvement of East Campus of Beijing University of Chemical Technology

项目位置：北京市
项目面积：85000 平方米
景观设计：易兰规划设计院
委托单位：北京化工大学
获奖信息：中国风景园林学会科学技术奖规划设计奖，2021
　　　　　北京园林优秀设计奖，2021
　　　　　北京市优秀工程勘察设计奖，2021

北京化工大学毗邻北三环东路，东临樱花园东街，北接樱花园南街，西靠樱花园西街，和平西桥架于南门前，东、西、南三侧车流量较大，噪声、视线干扰明显，北侧建安东路相对安静。

由于历史原因，校区对外界面基本被老住宅楼环绕阻隔，因此恢复校园明晰的对外形象尤为重要。校园建设过程中严重缺乏对停车空间的考虑，致使机动车停放混乱，严重影响校园景观面貌。

梳理交通，重建秩序

设计团队根据对门捷列夫化工大学空间结构的研究及对本项目景观空间布局的梳理，提出了"一环、两轴、三园"的校园景观结构框架。"一环"指打通校园内部车行环线交通，形成主路，"两轴"是校园主要的两条形象性景观道路，而两轴之间的"三园"为校园最核心的形象及活动公共空间。合理组织交通，尽可能实现人车分行，营造舒适有序的步行空间。在这个景观框架下，废除了"两轴"的车行功能，所有车辆通行及停放均依托打通的外环进行组织，不得贯穿园区。最大限度保证"两轴"及核心"三园"安静祥和的景观面貌。借鉴以往老校园的改造案例，设计团队提出利用体育场作地下停车场的远期解决方案，可以解决东校区全部停车位的需求，且园区有条件实施彻底的人车分行，车辆从园区次入口可直接进出地下停车场，全面实现地面无车化。由于短时间内实施的困难，同时提出了近期的解决方案，即移出核心景观区域内的一切停车功能，依托"一环"将停车组织在核心区外围，尽量做到与原有停车规模的平衡，保证核心区域步行化。

重塑环境，提升品格

强化校园大门形象展示功能，以种植弱化三环高架桥对主入口的影响。正门内的主教学楼广场使用明朗厚重的边界处理，提升了整体的礼序及崇高感。使得屹立在广场中央的伟人雕塑重新成为场所的精神载体，体现了在红色年代建立起来的老校园的刚强与坚韧。

主楼绿地雕塑

两条银杏大道主轴为东校区的名片之一，移出车行功能后无疑将成为体现校园风貌及实现步行连通的重要景观廊道，设计师利用主轴两侧的现状植物附加通行及休憩交流空间，使其成为名副其实的"景观大道"。新的校园公共空间功能丰富、尺度宜人，很好地满足人们在不同时间段各类活动的需求。不论是个人或群体，不论是举行典礼仪式或举办庆祝活动，人们都可在这里开展活动。这些空间的设计就是为了满足不同类型活动的需求，如入学咨询、迎新会、音乐会、花园聚会等。

描绘风采，保留记忆

图书馆与主楼之间"绿园"上的"母校之光"雕塑于建校 45 周年由校友捐建，如今已经作为北京化工大学最具代表性的象征符号而深入人心。但原有的轴线空间结构和巨大的八角基座，不仅使得雕塑体量显得渺小，也并没有给师生提供足够开放的空间以供观赏及留念。为重新激活核心雕塑的景观地位，提升空间品质，打破旧式格局限制，并在有限的资金控制内保证工程实施过程中不对雕塑主体造成损坏，设计团队提出大胆想法：雕塑原封不动，用地形将基座全部回填覆盖掩埋，铺设草坪形成开放空间，只露出雕塑主体，主动营造高差，并在地形南侧构建出台阶广场以供毕业季留念，东西两端使用巨大理石挡土并镌刻校园历史，依托现状大树与新植树阵营造丰富的林下活动空间。与雕塑同时保留的还有一条满载浪漫校园记忆且年代久远的紫藤廊架。这些设计想法的逐一落实，使得"绿园"区域成为拥有以校庆主题并承载化大历史记忆的多功能校园活动核心。

萃取文化，融入场所

每所校园都有自己的文化和历史，这是一个学校的灵魂。把握好校园历史的延续，同时发扬时代创新精神也是景观营造的重要任务。为场所量身打造独特的文化符号，适当地将校园的文化、特色等体现在环境中，使其体现化工大学独有的景观风格，加强了校园环境的专属性。

科学、合理的设计规划能够为学校师生提供美好的学习、科研场所，提供多元化的功能。营造良好的校园景观意义重大，能够潜移默化地影响师生的精神面貌，提升学生的品格修养，培养学生的创新精神与实践能力。另外校园景观可以侧面反映学校的特色理念，更好地诠释学校精神和文化，使学校教师和学生增加归属感和认同感，树立学校品牌形象，促进学校整体的协调发展。

校园绿地广场台阶

Project Brief

The University of Chemical Technology Campus, built in the 1950's has transformed into a "one ring, two axes, and three gardens" campus landscape framework. The new campus achieved the following:

1. Restructured road surfaces and transfigured traffic patterns.

2. Reshaped the motif and improved the academic character.

3. Represented the school's tradition and spirit while retaining its historic memories.

4. Extracted cultural elements and integrated them into the campus framework.

校园景观小品及水景

校园内景观细节展现

处处宜人的校区景观

主教学楼广场和树下休憩石墙

三岔湖　河南南阳城市新区水系及景观系统设计　大连国际海洋生态城　福建龙海市白塘湾旅游度假区　淄博

北京翠桥公园　河南南阳城市新区水系及景观系统设计　海南乐东海洋公园　海口户外休

三亚亚龙湾华宇星冠假日酒店　厦门原石滩国际社区　松海湖　山东日照

扬州市沿夹江两岸生态中心概念性总体规划　北京通州京杭大运河文化广场　陕西-西咸新区泾河新城"院士谷"核心区　北京昆玉河生态走廊　北京温榆河

北京十渡拒马乐园　珠海海泉湾度假城　白浪河中央休闲区段提升改

6 滨水空间
Waterfront Space

城市滨水公共空间具有自然空间和城市开放空间的双重特征，也是城市环境中最为典型、复杂、集中和活跃的构成要素的总和，承担着调节微气候、水质净化、雨洪调节、提供游憩机会等多种生态系统服务，是人们向往的场所和城市更新的关注热点。此外，城市滨水空间具有边缘性和开放性，不仅加强了城市的可识别度，很好地展现了城市的风貌，还可以成为交通运输的途径，缓解城市交通拥挤问题，为市民提供多样的水上娱乐休闲活动，有效丰富了人们的日常休闲生活。

近现代以来，伴随铁路、公路和航空等现代交通的发展，城市滨水空间长期的主导地位被其他城市空间类型所代替。城市中传统的富有活力的滨水空间往往被工业用地、居住小区裹挟其中，成为城市中的灰色地带和消极空间。另外，由于滨水空间开发管理与内陆整合发展往往是两个不同的运营体系，陆域主导发展框架，导致某些滨水公共空间开放性和共享性不佳，存在水陆匹配不佳、横纵连通不畅、生态环境破坏、活力不足等问题。特别是线性滨水空间的连续性受到城市发展的影响，河流两侧所留的滨水公共空间腹地常常较小且不连续，滨水空间彼此孤立，以致服务资源未能得到有效整合。综上所述，近百年来，城市的滨水空间没有作为城市公共生活的视角来对待，反而是破旧与污染的体现。

20 世纪中叶开始，作为城市更新的重要环节，在欧美国家的许多城市对滨水区域的生态、水质、生活设施、慢性系统等进行了全方位提升和改造。这些获得新生的滨水空间往往改变了土地的原有属性和功能，使破碎的地块连接成贯通的城市公共空间和最为赏心悦目的户外客厅。保护生态环境，满足市民高质量生活的需求，已成为城市建设的主要任务。城市滨水公共空间的建设成为城市更新的重要内容。在城市空间的迅速拓展和国家政策的引导下，许多城市都在投入整治滨水公共空间。

城市滨水空间的打造应该注意以下要点：① 生态优先。城市滨水空间设计应该结合水质改善与绿色生态系统的恢复来进行。城市街道往往是生态多样性最集中的区域，生态敏感性强，此外，由于城市水环境具有连通性的特征，因此滨水空间项目应该从更大范围的城市生态系统着眼。每一个滨水项目，其实都应看作是重建城市生态系统的机会。② 重建滨水空间与城市的联系。现代城市规划与建设的弊病之一就是过于偏重功能布局，忽视人的尺度；过于偏重汽车的动线规划，忽视了步行的系统规划。其表现之一就是汽车行驶道路往往占有最好的风景资源：有湖即规划滨湖路，有河即有滨河路，临海城市必建滨海路。这些滨水道路往往割裂了滨水空间与城市的联系，使得城市中最宝贵的风景资源不能为市民创造价值。因此，当前做滨水空间的提升，应该从更大尺度的城市空间去考虑加强城市滨水空间的可达性和连通性。③ 增强滨水空间的服务功能，增加必要的服务设施，重塑城市生活的品质。过去建造的很多绿色空间往往没有人气，原因是忽略了使用者的生活需求，今天应该树立的观念是景观不仅是用来看的，更是用来体验的。一些服务设施类似于咖啡酒吧、演艺场所等，应该与造景有机地结合起来，还应增加老人、儿童的服务设施，满足市民的真正需求。此外，滨水空间应该成为城市夜生活的最佳场所，要注意配备必要的照明条件及夜游的服务设施。

缝合城市，水岸客厅
Weaving the City, the Waterfront Living Room

遂宁南滨江公园
Suining South Riverfront Park

鸟瞰图

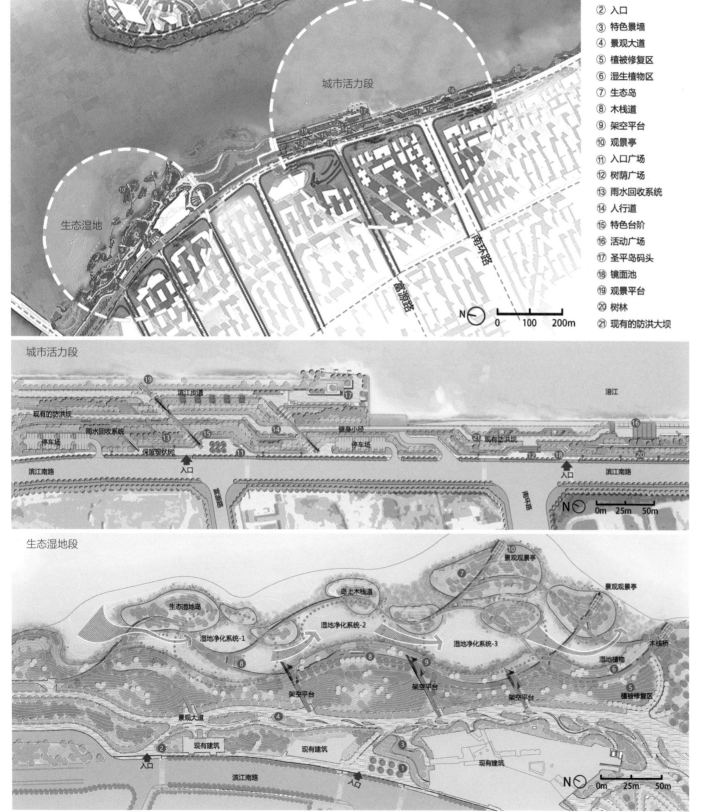

① 入口广场
② 入口
③ 特色景墙
④ 景观大道
⑤ 植被修复区
⑥ 湿生植物区
⑦ 生态岛
⑧ 木栈道
⑨ 架空平台
⑩ 观景亭
⑪ 入口广场
⑫ 树荫广场
⑬ 雨水回收系统
⑭ 人行道
⑮ 特色台阶
⑯ 活动广场
⑰ 圣平岛码头
⑱ 镜面池
⑲ 观景平台
⑳ 树林
㉑ 现有的防洪大坝

城市活力段

生态湿地段

总平面图

项目位置：四川省遂宁市
项目面积：130公顷
规划设计：易兰规划设计院
景观设计：易兰规划设计院、四川省建筑设计研究院有限公司
建筑设计：易兰规划设计院
委托单位：遂宁经济技术开发区管理委员会
获奖信息：ASLA 美国景观设计师协会综合设计类荣誉奖，2021
IFLA 国际风景园林师联合会基础设施生态奖，2021
IFLA 公园与公共空间类卓越奖，2021
ULI 城市土地学会亚太区卓越奖，2021
WAF 世界建筑节门类景观奖，2021
中国风景园林学会科学技术奖园林工程奖银奖，2021
AHLA 亚洲人居景观奖 公共景观类 金奖，2020

四川省遂宁市位于四川盆地中部腹心，涪江中游，是成渝经济区的区域性中心城市，文化底蕴深厚，有良好的滨水景观资源。遂宁的人口、经济和产业不断发展，对四川发展起到引领和带动作用。市政府希望通过滨江南路景观带的打造，为遂宁增加一个美丽的城市名片，为市民增加一处喜闻乐见的滨水休闲场所。

全局着眼打造绿色慢行网络，内外兼修

滨江南路绿带项目面积约130公顷，景观带全长约9千米，延涪江分为3段。滨江公园设计基于城南活力段的上位规划进行。易兰的方案根据不同人群的活动需求，为市民提供了一个高参与性的滨江绿带公园。项目注重营造公园连续的慢行系统，增进城市与公园连接，以特色人行道、过街地下通道、过街步行桥、景观步行桥4种形式将城市人群引入滨江公园之中。

低影响开发理念营造景观环境，因地制宜

设计团队充分考虑周边地块用地性质，在园区内设置了丰富多彩的活动内容和游赏空间，尽量保留场地上原有的树木和可利用的铺装，减少浪费，摒弃高投入的建造模式。项目秉持低影响开发的理念，在沿城市界面的河堤反坡上，因势利导地利用原有地形塑造富于观赏性的台地花园。将整个步行街组织成为一个雨水管理的展示花园，收集和利用降水径流，将自然生态的理念与精致的设计细节有机结合为一体。

结合现状合理分区，各得其所

项目根据周边用地性质将整个滨江公园分为城市活力段、休闲商业段和生态湿地段。城市活力段服务于周边的大片居住生活用地，针对城市道路的交叉路口做出了对景空间。在商业休闲段利用改拆原有商业建筑，利用腾出的建筑指标增设休闲服务建筑，形成一定的空间围合度，聚集人气、提供服务、方便市民，在绿地空间中营造出一处可供人们团聚、享受生活服务的空间场所。生态湿地段则是利用原有的低洼坑塘，调蓄水位，保留原生湿地结构，以最少的人为干预，实现低成本的修复模式。

对此，易兰规划院对其构建了四大城市景观体系：① 串联水系，创建依水而生的城市脉络；② 连接道路，打造沿路生长的绿色系统；③ 绿地渗透，建立花园城市的结构体系；④ 整合两大界面，打造活力滨江公园链。

方案深入研究游人活动的线路及心理需求，针对停留、观赏、游览、服务等路径进行深入设计，结合城市空间形态带给人们的视觉和文化感受，构建城市慢行空间系统及驻足眺望节点空间；结合跨江大桥的分布和特点，依据各段景观定位进行重点设计，形成多种形式的景观空间区域，如圣平岛码头、风车广场、休闲湿地等。注重营造公园连续的慢行系统，增进城市与公园连接，以特色人行道、过街地下通道、过街步行桥、景观步行桥四种形式将城市人群引入滨江公园之中。

1）城市活力段——圣平岛码头

城市活力段对应周边的大段居住生活用地，针对城市道路的交叉路口做出了对景空间。在城市道路与滨江堤路之间，增设多个连接通道，使城市居民可以便捷地到达水边游赏。方案保留了这一区段原有的防洪堤岸和堤顶路，以减少工程量和施工造价。并在改造中重点提升堤岸的生态景观及市民休闲功能，对笔直乏味的堤顶路进行人性化、精致化和趣味化改造，丰富游人的景观体验。在条件允许的地段将堤坝改造成为亲水台阶、增设景观平台，为游人提供多样的公共活力空间及滨水体验。

此外方案利用原有的堤岸路增设了沿堤跑步道及各种休闲互动空间设施，将枯燥乏味的堤顶路改造成为绿荫相间、可游可赏可驻足的慢行系统。

2）城市活力段——休闲湿地

该段湿地现状有 1100 米栈道，且因防洪需求不能放置过多构筑物。方案重新梳理现状，在保留原有湿地浮岛结构和 650 米栈道基础的前提下，增加栈道平台、眺望亭，综合整治激活场地。

利用了原有的低洼坑塘，调蓄水位，保留原生湿地结构，以最少的人为干预，实现低成本的修复模式。疏通坑塘水系，增强河流景观的蓄洪调水功能。形成水生植物茂密、鱼鸟尽欢的湿地公园。休闲设施根据不同水位的涨落情况进行合理布局。利用架空栈道及廊架休闲设施，为人们提供丰富有趣的自然体验，成为人们放飞自

湿地鸟瞰图

弹性河岸湿地泻湖系统

林中的架空栈道

全新滨河景观

湿地水杉林和沿岸水生植物

我、接触自然的好去处。方案保留和利用坑塘中原有廊道及拆迁构筑物的基础，修建湿地游憩栈道和观景廊架，为市民提供怡人的亲水休闲体验。此外，方案十分关注栈道系统与周边地块的联系，将周边商务区与居民区的步行道延伸到湿地栈道系统中，形成该片区的环状慢行网络，并与公交站点以及水上交通节点轮渡口接驳。

项目一期落地，展现出设计团队用现代手法演绎自然环境与人文传统的理念追求，实现了政府和市民所期望的"城市客厅、游憩中心、生态腹地"的目标，为遂宁的市民提供了一处理想的休闲去处。

"In the burgeoning Suining City in China's Sichuan Province, infrastructural preparation for urban growth along the Fujian River had left behind an unwelcoming concrete bulkhead and degraded local ecology, conditions which this new riverfront park attempts to correct by converting the bleak existing levee into a verdant platform that fosters engagement with the river edge through terraced connections to the city beyond. Within the potential flood zone, a resilient wetland pond system filters river water and reintroduces native riparian plants along a landscaped edge designed to withstand full submersion. An elevated canopy walk provides visitors with views over the stormwater filtration ponds, facilitating connection with nature at the urban edge."

"ASLA 推荐语 "

城市段鸟瞰，注重连接城市与滨水岸线

滨江挑台

改造后堤岸 健身步道 树池座椅

改造后的堤岸

灯光设计与市民生活

林下休憩空间

湿地段夜景鸟瞰

环山抱海
Hillside Beach

广东巽寮滨海景观带
Xunliao Coastal Landscape Belt,Guangdong

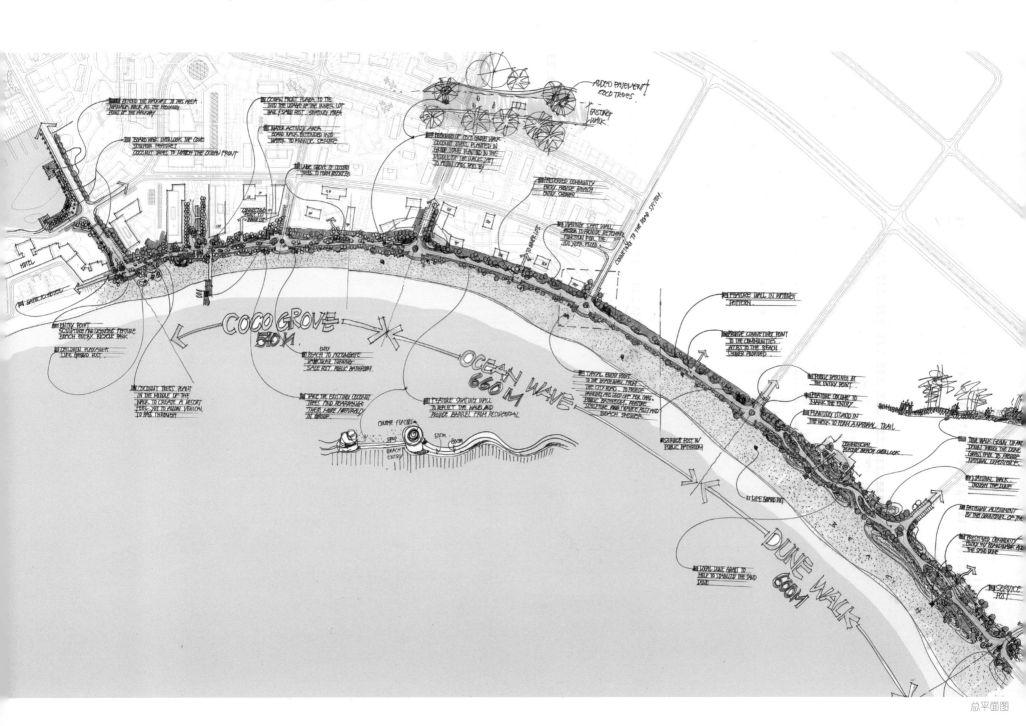

节点特殊种植

项目位置：广东省惠州市
项目面积：58 公顷
景观设计：易兰规划设计院
委托单位：金融街惠州置业有限公司

广东巽寮滨海景观带位于广东省惠州市惠东县南部的巽寮镇稔平半岛核心位置，距离广汕公路（324 国道）仅 7 公里，距离深汕高速公路白云出入口 21 公里。巽寮湾是粤东数百公里中海水最洁净的海湾之一，被誉为"天赐白沙堤"。

在上位总体规划目标的基础上，保护良好的生态环境和自然景观，营造现代化度假区功能和形态，形成"山、海、城"环抱的空间特色，建设高效的基础设施体系，打造与自然相互融合的国际化滨海旅游度假区。

易兰设计团队根据场地的自然地理特征将其划分为北区、中区、南区三个编制亚区。本次设计内容为中区约 2 公里长的滨海大道。根据场地特征及周边地块性质的不同，将 2 公里的滨海大道设计为三个篇章：椰林观海、银波映月、芦草听风。沿沙滩一侧建造了一道"海浪墙"，令人联想起平缓的水波和腾跃而起的浪花，在塑造出美感的同时又有很强的实用性。作为休憩的座椅，每一个内凹的曲线墙体都围合成一个较为私密的休憩空间，方便三两朋友交谈。

"海浪墙"彻底改变了风沙对建筑的侵蚀，作为一面挡墙，很好地阻隔了沙子向内陆的漫延。在滨海大道与腹地交界处，共设置了八个景观节点：婆娑之洋、澎湖之风、激浪之礁、天后之灯、飞鱼之信、兰屿之舟、环翠之岛、鹿港之艍。每个节点都将海洋文化与惠州当地文化融入其中，以雕塑及铺装表现，产生不同的标识性。

Project Brief

The design covers the 2km-long coastal park of the promenade in the central district of Xulao County, Guangdong Province. According to the characteristics of the site and the nature of the surrounding plots, the 2 km coastal parkway is designed into three components: viewing the sea from the coconut grove, reflecting the moon on the silver wave, and listening to the wind in the reeds. A "wave wall" erected along the side of the beach, is reminiscent of both gentle and crashing waves. The sturdy wave wall is both functional and stunningly beautiful.

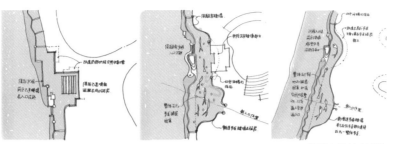

滨海大道节点设计

效果图

地标性景观设计

未设计
区域　　5m宽种植绿化带　　9m宽滨海道路　　滨水绿化区

波浪墙，作为休憩座椅

171

葫芦岛首开国风海岸   北京通州运河核心商务区街

阳光保险金融中心   北京大望京   海南东东海洋公园

合景泰富悠方商业综合体景观设计   华侨城欢乐美巷   德宏华侨城生态田园康养小镇   北京龙湾别墅商业街   山东日照

苏州太仓市阿尔卑斯小镇中心商业街景观设计   武汉万达奢侈品广场

青岛万科小镇商业街   中国电子东盟中心   北京石景山八

7

商业空间
Urban Commercial Space

城市商业空间是指在城市中从事商业活动的场所，比如办公和销售场所，也包括商品的陈列与展示空间。随着社会的发展，商业已由最初的交换行为发展成为一种服务行为，而城市商业空间的内涵也在不断丰富。如今，城市商业空间不仅与商业活动有关，而且更加强调由商业活动衍生的商务、服务、娱乐、休闲等活动。

人们对商业空间的需求愈加复杂，这要求商业空间设计应坚持以人为本，以经营为导向，充分考虑空间中各类使用者及经营者的具体要求，注重场地功能性和使用者的体验感。

城市商业空间具有空间关联、交通连续、职能互补等特点，承载着复合的城市功能。设计师需要基于各种功能表达展开深入分析，使不同空间与功能相匹配，注重空间的动线设计，使整个空间功能合理、组织有序。商业空间更加适合采用"场景化"的设计方法，从使用者的生活状态或商业活动的情境出发，想象应有的景观环境，完成空间设计的要素及相关设施布局，促使商业空间可以在实际运营中获得用户的满意与认可。通过场景设计对复合功能进行整合，从具体的空间节点出发去塑造项目的整体，从而赋予整个项目特色和魅力。

休闲的街景生活体验
Casual Streetscape Life Experience

北京中粮祥云小镇商业街
COFCO Shine Hills, Beijing

北京中粮祥云小镇商业街夜景

项目位置：北京市顺义区
项目面积：3 公顷
景观设计：易兰规划设计院
委托单位：中粮地产投资（北京）有限公司
获奖信息：SRC 街景设计奖优秀奖，2019
　　　　　北京市园林优秀设计奖，2018

现状学校

现状办公楼

A10

C06

N
0　　20m
10m　40m

总平面图

中粮祥云小镇位于北京市顺义区，占地面积 3 公顷，是易兰从方案到施工图全程设计的景观项目。易兰设计团队以"花园式购物体验"为核心理念，通过对入口节点、商业沿街面、商业内街三个部分，多层次的绿化种植、趣味性景观小品及特色化的铺装，打造了一条充满活力的花园式商业街。该设计注重街景气氛的营造，以趣味节点融入场景化的艺术装置及休闲设施，重现人们的街区生活。项目建成后，中粮祥云小镇成为顺义地区地标级的高端生活场所，也是最聚人气的核心商业街。

中粮祥云小镇是中粮祥云国际生活区的组成部分，中粮祥云国际生活区是中粮置地在北京打造的一个大型综合体项目，项目涵盖了高品质的精品别墅，连排别墅及景观大宅，包括创意办公、商业等组成部分。项目依托中央别墅区与北京临空经济核心区两大板块，希望项目的定位能适应该地区人群，进而面向全北京的中高端消费群体，确认了中粮祥云小镇"国际化、高品质、漫生活、情感圈"的核心定位。

中粮祥云小镇景观项目主要分为商业入口节点、商业沿街面和商业内街景观三个部分。以趣味性景观小品、铺装设计、绿化种植为主要手段，使整条商业街充满活跃的商业氛围。设计团队首先对几个商业入口节点进行了重点塑造，向游客展现出整个小镇的精神风貌。水景、雕塑相结合的标识性艺术元素与祥云小镇大型 LOGO 结合为一体，新颖别致的造型和活泼明快的色彩对游客充满吸引力。在景观小品的设计上也别具匠心，参与型雕塑座椅，提升了商业街氛围；彩色人雕塑带来强烈的互动感，为商业入口增加趣味；旱喷是整个区域最精彩的部分，每到节假日，这里就成为孩子们嬉戏的天堂，为商业街带来生机与活力。

商业沿街面对商业街的整体形象和吸引力起到了重要作用。在本项目中，设计师利用代征绿化带设计了干净简洁的沿街绿化，力图塑造花园式商业沿街面，在隔离都市车辆喧嚣的同时并不影响视线的穿透，并在商铺外街靠近建筑部分设置大量种植池盆栽，二者围

175

合形成了良好的商业前场空间。标识性雕塑和水景同样不可或缺，沿街布置的项目 LOGO 灯箱很好地体现了整个祥云小镇的形象。

商业内街是游客活动的主要区域。对于内街消防车道部分，设计者合理把握车行道尺度及线性，在留出车行功能的基础上，加入种植及景观小品，塑造出丰富及灵活的商业内街。同时增加有特色的座椅，与灯光及广告相结合，在增添商业氛围的同时为游客提供了暂时休息的场所。内街人行道部分以摆置的形式为主，适当添置一些小型花架和座椅，形成舒适的休憩空间。设计者还通过垂直绿化对墙面进行软化，给人自然清新的气息，同时增加有特色的小型雕塑或者 LOGO，与整个商业街的景观相呼应。此外，设计采用绿岛软化了建筑刚硬的拐角，带给市民轻松舒适的景观体验。在植物选择上，樱花、海棠、紫薇等开花灌木得到大量运用，丰富的季相变化带来独特的景观体验。

整个商业街在铺装设计上力求统一，线性的、充满现代感的铺装遍布整个商业街地面。易兰设计师重视商业街的绿化，采用树池、花架、可移动式盆栽和垂直绿化等多种手段，增加绿化面积，营造出一条自然惬意的商业街。中粮祥云小镇定位为国际生活新样板，在餐饮、零售、娱乐及儿童教育方面与北京其他的商业项目有着鲜明的特色，形成一种新型国际化生活方式。

喷泉广场

喷泉广场

街道景观

街道小品

177

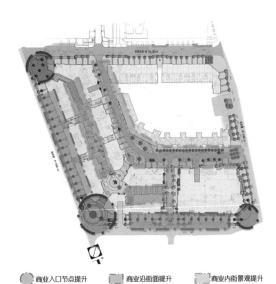

● 商业入口节点提升　　■ 商业沿街面提升　　■ 商业内街景观提升

本项目的周边人行与车行道之间存在较大高差且具有复杂的变化，项目团队通过梳理购物及休闲人车动线，形成功能平台，用台阶联系店前几街面，形成丰富的景观效果。

外街部分增加绿化面积，塑造花环式商业沿街面。增加标示性雕塑或水景。

内街车行道调整车行道尺度及线性，塑造较为丰富及灵活的商业内街。增加有特色的座椅可以与灯光及广告相结合。

内街人行道以摆置的形式为主，适当地增加一些小型花架已形成软化空间。通过垂直绿化对墙面进行软化。增加有特色小型雕塑或者 LOGO。

Project Brief

The "Shine City" is located in Shunyi District, Beijing, covering an area of 3 hectares. Ecoland's scope of design work covers both the conceptual plan, and the construction plan drawings. The design team took "garden-style shopping experience" as its core concept. Through multi-level green planting, attention-grabbing landscape elements and characteristic, unique paving methods delineate the design into three parts: the entrance point, the commercial side street, and the commercial inner street. The commercial streets are designed in an inviting vibrant garden-style.

商业景观外摆

旱喷广场

城市核心区的商业空间塑造
Commercial Space Shaping in the Core District of the City

北京银河SOHO
Galaxy SOHO, Beijing

景观与建筑相呼应

获奖信息： RIBA 英国皇家建筑师协会国际优秀建筑奖，2013
RIBA 莱伯金奖入围，2013
中国建筑学会银奖
LEED 认证

项目位置： 北京市东城区
项目面积： 5 公顷
景观设计： 易兰规划设计院
建筑设计： 扎哈·哈迪德建筑事务所
委托单位： SOHO 中国有限公司

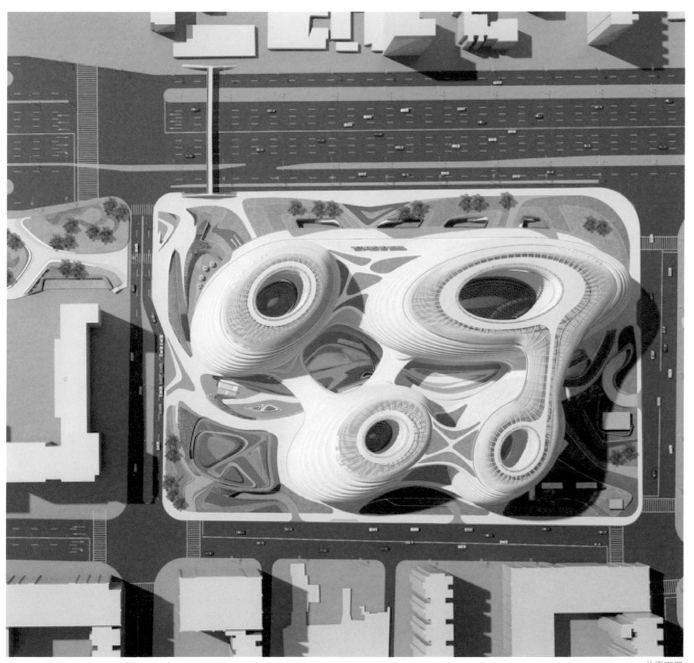

总平面图

银河 SOHO 位于北京东城区朝阳门，占地面积 5 公顷，是一个集商业、办公于一身的多功能城市综合项目，该项目由世界著名建筑大师扎哈·哈迪德（Zaha Hadid）和易兰规划设计院携手进行了建筑及景观的设计，已于 2012 年 12 月正式落成并交付使用，现已成为北京城市中心的一个新地标。

易兰规划设计院在景观设计中借鉴了中国传统院落的思想，创造一个内在世界，而同时又是一个完全的 21 世纪的建筑。设计使城市中的公共空间不再是刚硬的矩形街区及街区之间的空间，而是通过可塑的、圆润体量的相互聚结、融合、分离，并通过拉伸的天桥再连接，内部流线的连续运动创造了一个连续而共同进化的形体，带来了富于变化的动态空间。平台的相互错综位移，不同层面对彼此视角的介入，产生环绕着的、引人入胜的环境。

设计团队的另外一个灵感来源于中国传统的梯田，并在景观设计中运用参数化设计。参数化设计本身是通过现代数字技术将自然的形态予以提炼，从而与现代文明相融合。这一项目中不断伸展、充满变化的楼层及平台将各个空间有机地组合在一起，如同山间的梯田，绵延不断、如梦如幻。

Project Brief

Galaxy SOHO is located in Beijing's Dongcheng District, within the 3rd Ring Road. The multi-functional urban development project, integrating commerce and office space, covers more than 50,000 square meters. The architecture design was done by the world-renowned architect Zaha Hadid. Ecoland Planning and Design Corp. worked with the architect to complete the landscape design of the project. The massive venture was officially completed December 2012, and quickly became a foremost principal landmark in the city of Beijing.

丰富流动的空间景致

远观银河 SOHO

喷泉水景

西双版纳万科公园

北京元大都遗址公园

霸州中央公园景观

新密银基小镇中心及菱草公园

邢台市邢东新区中央生态公园

广西贺州翡翠湖水利风景区

海黄保亭大溪谷热带雨林文化艺术主题

海南乐东海洋公园

武陟龙泽湖公园

江苏金沙湖生态旅游区

长春莲花山生态园（四季梦幻小镇）

秦皇岛蓝海洋中央公园

成都石象湖国际旅游度假区

郑

海口红树林国家生态湿地公园

海口玉龙泉湿地公园

青岛万

公园绿地
Park Green Space

对于一个城市而言，城市公园可以是钢铁城市中的世外桃源，可以是一座城市的精神凝聚，可以是一座城市的文化延续，它诠释着人对于自然栖居的梦想。现在的城市中，城市绿地公园是向居民免费开放、规模较大且集中、以休憩娱乐为主的综合性活动空间，也是举办一些文化活动集会的场所。城市公园不仅服务于当地居民，也可以服务于游客。城市公园从一开始就是政府解决市民生活空间品质的产物。19 世纪的英国，随着城市的发展，导致街区过度的拥挤，不良的环境和卫生条件导致该地区传染病横行，严重危害着社会秩序，人们呼吁更多休闲空间的要求越发强烈，所以政府开始通过一系列方案确定实施绿地公园，直到 1846 年伯肯海德公园正式完工，第一个城市公园就诞生了。将田园搬进城市中，也标志着由政府出资的免费开放性城市公园建立，公园不再是少数人的特权，更多居民也可以参与到城市休闲活动中。

随后的一百多年，城市公园一直作为城市发展的有机组成，在世界各个国家和地区建立起来。它已经成为城市发展蓝图中的重要构成，并伴随时代的发展而不断更新内容，增加新的设施以满足所在地人们的生活及户外休闲活动需求。应该注意的是，各地的文化风俗差异，会反映在公园的风格、内容、设施等各个方面，影响到公园的设计。再有，公园的面貌也会打上时代发展的印迹。当前，公园设计更加强调开放性和生态多样性。公园的界围对城市打开，成为最为活跃的区域。

2020 年年初，新冠肺炎疫情席卷全球，面对突如其来的疫情，我们应该反思现阶段景观设计发展的趋势和解决相关问题的措施。疫情平稳后，人们的活动范围开始逐步由室内转向户外，城市的公园绿地理所当然成为人们活动的主要场所。事实证明，

世界每经过一次瘟疫，都会带来人们对未来生活发展深刻的思考，给城市的空间规划带来革命性的改变。现阶段，高楼耸立的街区严重压缩着人们的公共活动空间，如何更加有效地利用现有的城市公园，完善其应急疏散、健康配套等功能；如何在城市街区的边角空间创造丰富实用的城市花园、口袋公园，在有限的场地内达到美观与实用相结合，达到事半功倍的效果，这些都需要我们深入思考与研究。

公园绿地大体可分为城市公园、郊野公园、社区公园及口袋公园，它们都在发挥重要作用。从城市未来公园发展的角度出发，公园需要被赋予更多的功能，以满足人们日常生活与活动娱乐的需求，在设计时做到有的放矢。首先是生态方面，城市绿地公园能够利用成为人们健康生活的媒介，改善城市居住空间周围的环境；其次是美学的意义，疫情影响下，城市公园的设计应融合当地文化与艺术，能够使人们在陶冶情操的同时，提升市民文化修养；第三是活化周围空间，特殊时期人们活动范围变小，大型活动空间陷入停滞的阶段。城市公园可以重新疏导原始街区交通，唤醒新活力，增进周边商业的经济活力。一个高品质的绿地公园可以体现当地文化与品位，甚至可以成为一个城市的标志

社区公园的探索
The Exploration of Community Parks

成都麓湖红石公园
Redstone Park, a Green Infrastructure for Luxelake Community

兼有泄洪功能的公园水系

获奖信息： IFLA 国际风景园林师联合会公共空间类卓越奖，2019
IFLA 国际风景园林师联合会居住景观类荣誉奖，2019
BALI 英国景观行业协会国家景观奖，2016
中国风景园林学会科学技术奖规划设计奖，2019
中国勘察设计协会计成奖，2017
中国建筑学会建筑设计奖，2021
ELA 最佳生态主题公园奖，2017
美居奖中国最美公共景观，2016
《美好家园》杂志第五届园艺大赛年度环境奖，2016

项目位置： 四川省成都市
项目面积： 11 公顷
景观设计： 易兰规划设计院
建筑设计： 易兰规划设计院
委托单位： 成都万华新城发展股份有限公司

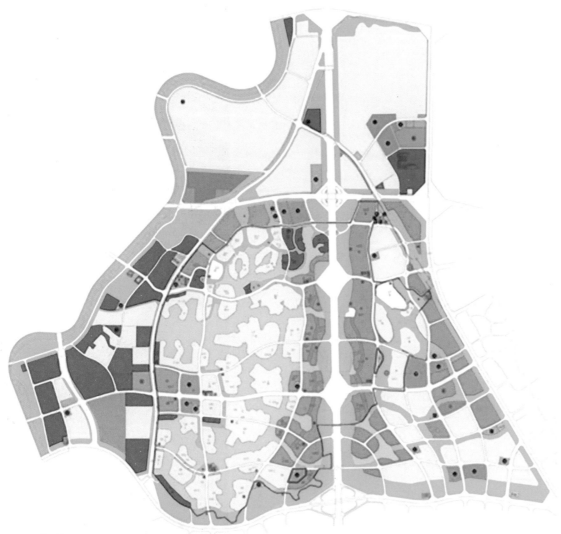

图 例

▢ 住宅用地　　　　　▨ 市政公用设施用地　　▨ 社区中心　　　　▨ 水体
▨ 公共服务设施用地　◉ 中学　　　　　　　　▢ 规划道路　　　　▨ 公共绿地
▨ 商业用地　　　　　◉ 小学　　　　　　　　⋯ 地铁界线
▨ 商业兼容住宅用地　◉ 幼儿园　　　　　　　▨ 规划预留水体

规划图

麓湖总部经济及创意产业发展片区简称"麓湖生态城"，是一座以稀缺的生态环境为基底，聚合高端居住、商务、商业及休闲娱乐等城市配套为一体的新城，距成都市中心约 20 公里。麓湖红石公园建设范围位于麓湖生态城中心地带，占地约 15 万平方米。场地总体呈十字形状，分布于 5 个居住组团中间的狭长谷地上，一条具有排洪功能的南干渠自东向西穿过场地，当地水务部门在河堤南侧设置了一条 4 米宽的巡堤路，需要保留与保护。

该场地属于地产开发附属产品，由开发商进行投资建设，希望设计一系列环境优美的社区绿地，为居民提供优质居住环境，进而提升地产价值。易兰设计团队接到设计任务后，根据各方面条件提出将其建设为功能较完善的独立型社区公园。一期建成后不仅受到周边居民的欢迎，更吸引了许多相距较远的市民前来游玩，极大提高了社区人气和知名度。人们在公园中一边开展丰富的活动，一边享受优美而富有特色的自然环境。这正是人们内心最向往的社区生活，应成为今后居住区建设的发展方向。

为了增加公园的可达性与更多步行到访的可能，设计师为周边 5 个社区都设置了直接进入公园的路线。公园核心处的太阳谷区域是主要的户外活动空间，设置了满足动态活动为主的儿童七彩游乐园、阳光草坪、中央烧烤区和以静态活动为主的"香樟棋语林"，满足不同年龄的需求。

"阳光谷"位于平台西侧，是为孩子设计的七彩乐园。游戏设备与植物结合、与场地中的原有坡地结合、与红砂岩主题结合，尽可能展示场地原有风貌。儿童乐园根据不同年龄活动特点进行针对性设计。0~6 岁儿童游戏区设置了沙坑、蹦床、秋千等设施，还有一座 3 米高的红色木质鹿形滑梯，成为麓湖在红石公园中的形象代表。西侧的坡地上利用地势高差设计成以 4~12 岁儿童为主要服务对象的儿童拓展区，树屋一样的滑梯盘绕在树木枝杈间，成为该区对外的名片。拓展区也有各种不同的攀爬网和攀爬圈等设施，为孩子提供不同的体能锻炼机会。南侧的坡地上设计了小

总平面图

社区公园鸟瞰

红石小径

陈跃中

通幽红石路

牵手记忆长

层花竞芳艳

百草夹道旁

闻声不见影

浓绿秋时黄

到水回头看

蜻蜓带蜂忙

设计使用了场地周边随处可见的红砂岩，将其插入铺装和墙体，形成具有在地精神的景观形象

红砂岩与植物穿插运用

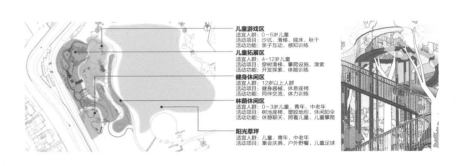

型健身休闲区,场地西侧有2米高的挡墙,设计师利用地势和挡墙安装了墙面健身器械,让健身也变得与众不同。整个儿童活动场地的东南角是预留的林荫休闲区,家长可以在此随时照看儿童,同时也能享受舒适的休闲空间。

公园原有一处巨大的张拉膜结构建筑,下面是一个大的三角形服务台,有简单的饮料及烧烤售卖。易兰设计团队认为这样的设施条件不足以吸引居民使用,同时场地空间也不足,因此在服务台周边增加了几个新的小场地,作为膜结构餐饮场地的补充。场地上可以布置烧烤台、洗菜池、电源和桌椅,约上三五好友,在阳光明媚的周末举行烧烤聚会,团队将此区域命名为"飘香涧"。公园开放后,这个区域深得青年人喜爱,聚会方式不仅有烧烤,还有火锅,成都人爱好美食、热情如火的特质完美展现。

"棋语林"中原有一些香樟,设计又补植了一批香樟,增加了树林规模。林地一侧是宁静的住区,另一侧是公园开敞的草坪,林下视线较为通透,可以看见坡地上玩耍的孩童,兼顾了近景与远景的和谐。林下舒适宁静的小路周边布置了很多小场地,边沿穿插一些矮墙带来场地归属感,中间布置方形桌椅为喜爱棋牌的居民提供服务。斑驳的阳光透过树梢洒下来,将这个区域映衬得流光溢彩。

红砂岩的运用。现场勘探过程中,周边建筑组团正在施工,漏出地下大面积的红色土壤,并在其中挖出很多大块的、形态饱满的红砂岩整石。用地及其周边地域的种植土下方,也基本为红砂岩地质,这是非常重要的地质特征。红砂岩是距今约2亿5000万年前形成的红色地层,是这片场地最久远的记忆。红砂岩强度差异较大,大部分质地松散,呈碎块、颗粒甚至泥沙状,容易被忽视或遗弃。当地人对此司空见惯,但这些形态各异的红色石块触动了设计师敏感的神经,将其作为公园最主要的设计元素,以带来远古历史的厚重感,也能让每位到访者对场地留下特殊记忆。

项目确立之初并未命名,由于设计团队对红砂岩的挖

儿童乐园根据不同年龄活动特点进行针对性设计,孩子们可以自由的释放天性

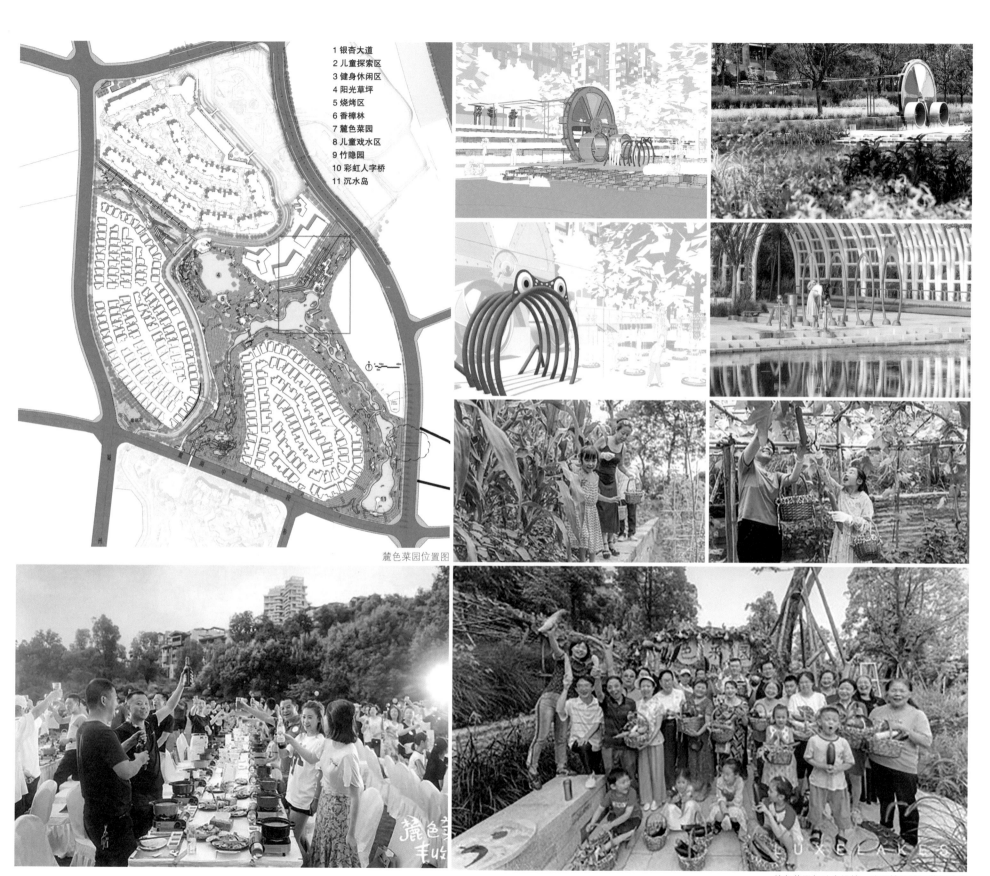

1 银杏大道
2 儿童探索区
3 健身休闲区
4 阳光草坪
5 烧烤区
6 香樟林
7 麓色菜园
8 儿童戏水区
9 竹隐园
10 彩虹人字桥
11 沉水岛

麓色菜园位置图

麓色菜园与儿童设施，注重社区的运营与功能

沉水池

亲水空间

满足活动需要的户外空间

菊科

毛茛科

鸢尾科

虎耳草科

豆科

地被

红石公园的生态多样之美

掘和利用，在项目推进过程中，它逐渐成为项目的灵魂线索，直至大家接受其景观角度的命名，最终确定为"红石公园"。

麓湖红石公园一期建成后引起较大反响，许多设计界专家学者及设计精英团队到现场参观交流。作为设计方，易兰团队非常欣慰地看到设施和场地如预期一样被人们使用，居民在这里步行游憩、健身锻炼、社交集会，享受美好的户外空间。项目的良好呈现也离不开甲方、施工方等多方面的合作。现在公园还有更多的场地与功能正在紧锣密鼓地设计与施工中。不断完善的公园将为到访者提供更多的服务与美景，也将融入更多人们成长与生活的记忆。希望通过我们的努力激发大家对于国内社区公园的探索与热情，让社区公园成为我们身边最舒适贴心的自然伙伴。而这些红色的石头也将不再沉默于地下，被人们所忽视，它将坚定地站在人们身边，与红石公园一起绽放。

"原本只是一个社区公园，易兰设计师却把它打造成了花园城市的标杆。它有大自然的野趣，更有人工雕琢的精致，还有园中园禅宗哲学的空灵……公园建成后，在成都形成了一个新的人群物理位移的路径。为了保证安全，周末的时候公园不得不采取每天5000人次的限流措施，而且还需提前预约，火爆程度不亚于那首耳熟能详的歌曲《成都》。在麓湖生态城，还在发生另外一件事，那就是未来生活方式的探索……"

—— 一条来自甲方的评论

Project Brief

Set within a cluster of residential communities, the Redstone Park project transformed a fallow, derelict space into a serene collection of green infrastructures composed of a rain garden, waterways, a playground, and a welcoming community space. Forged within a cooperative ecosystem, the design facilitates an array of needs for multigenerational residents and native wildlife. We show that investing in green infrastructure can offer a higher quality of life harmonious with nature, raising the bar for real estate projects.

The design team initialized a "Dialogue with Nature" approach to reverse ecological degradation, foster native plant species, create native habitat for biodiversity, and offer many opportunities for residents to serenely and dynamically connect with nature. A revitalized waterway and enhanced slope address the needs of a stable, functional rainwater management system. Simultaneously, all human dwellings and ecological health are inextricably intertwined.

The completed project established an iconic "shared backyard" enhancing the neighborhood residents' energy and esteem. The design also attracts the attention of visitors from outside the community, even from around the country, and has become a popular weekend destination.

功能丰富的活动空间，营造出了自然而亲切的氛围

大隐于市
Hidden in the City

成都麓湖竹隐园
Hidden Bamboo Garden, Chengdu

富于传统诗意的台地园

① 半山茶亭
② 叠石瀑布
③ 滨水栈道
④ 滨水茶亭
⑤ 竹林茶亭
⑥ 竹林小径
⑦ 竹林步道
⑧ 山门
⑨ 观景台
⑩ 绿树成荫
⑪ 竹林栈道
⑫ 观景台
⑬ 运动步道
⑭ 红石挡墙
⑮ 涵管
⑯ 溪水潺潺
⑰ 保留树
⑱ 最高水位

项目位置：四川省成都市
项目面积：约1万平方米
景观设计：易兰规划设计院
委托单位：成都万华新城发展股份有限公司
获奖信息：BALI 英国景观行业协会评审景观奖，2018
中国勘察设计协会奖，2019
北京市优秀工程勘察设计奖园林景观综合奖，2019

平面图

0m 5m 10m 20m

N

竹隐园是麓湖红石公园中的一处园中园，占地约1万平方米，位于红石公园西南角2个居住组团中间的狭长谷地上，于2017年建设完成。易兰设计团队在设计这处隐于竹林间的公园时，依托原场地南高北低的地势，将隐逸文化融入茂密的竹林中。该园延续一期保留场地记忆的设计初衷，保留场地内红砂岩，镶嵌在挡墙、溪边，保留场地的古朴与天然的味道，体现出易兰规划设计院一直以来所秉承的"尊重自然，虔敬土地"的设计理念，塑造出自然质朴又充满人文意境的景观环境。成为读书品茗、文人雅集的场所。设计重点在表达隐逸的东方禅意，通过设计营造出颇具田园意境的景观空间，给游客带来舒适的忘、行、游、赏的体验，唤醒对于传统文化的渴慕，对于禅意生活的欣赏，对于自然的向往。

居易行简的禅茶去处

一条蜿蜒的溪水自西向东流过竹隐园。北入口处的竹林引导人们进入这一秘境，高大的竹子过滤了尘世的喧嚣，漫步林荫，泉水叮咚作响，使人逐渐放空心情，忘却烦恼。沿溪而上是三座高低错落的竹舍隐于山畔溪边，翠林深处汇聚一汪池水，池畔竹舍别具匠心地设计了转门，最大限度地将竹溪美景纳入亭中。不远处的梯田式的叠水景观，犹如一幅徐徐展开的文人画卷，体现出隐逸的耕读之美。由南侧入口拾级而下至开阔静谧的水面，水面之上的九曲桥玲珑别致。人们可以在竹林里散步下棋，在迷人的竹屋中喝茶会友，在安静的氛围中瑜伽、冥想。

全园各处都体现出与自然融合共生的设计理念和手法，"七分自然，三分人工"。掩藏在高大竹林后面的水景、地形、建筑物塑造出了自然质朴又充满人文意境的景观环境，展现出竹隐园内敛飘逸、舍弃世俗的美。将禅宗居易行简的文化与现代审美趣味融为一体。竹隐园是读书品茗、文人雅集的场所，是喧嚣中一个静谧的隐逸之处。

成都是一座有着悠久竹文化的城市，也是许多文人墨客归隐的地方。竹隐山谷来源于竹与隐逸文化相结

总平面图

合，构成了竹隐园的主基调，一个可以在微风翠竹间放松心灵、享受归隐情趣的地方。设计在尊重原始地形和场地记忆的基础上将场地规划与生态景观相结合，设计团队希望这里是一个能够唤醒和增强个人感受，促进人内省和冥想的地方。只有身在其中亲身体验，才会发现独有的惊喜和感动。

曲径通幽的入口空间

场地入口处被设计成一组类似于竹林的密集的线条集，将整个园林巧妙地藏在竹海中，正是以这种若隐若现的方式，制造出一种具有特殊质感的入口。漫步竹林中，竹子纵横交错，营造出丰富的视觉效果。高高的竹条围合成户外步行道，排列的竹条丰富了立面的节奏变化，在保证私密感的同时，并不会遮挡远处景观和室内空间的视觉联系。

设计最大限度地保留了竹子这种材料本身的美感。设计团队请来了当地会制作竹艺建筑的工匠，利用乡村手工劳作的资源，在传统竹工艺基础上探求当代的手工艺建造方式，通过竹建筑满足当下人们内心渴望回归自然的文化需求。

收放有致的茶庭空间

静谧的竹林，唯美的叠瀑，怎能不为游客提供精致的停留场所。经过反复推敲，设计团队选择了三处位置布置茶亭。竹制茶亭半隐于山畔溪边、翠绿深处，一处最大的在叠瀑对面，临着水边，作为观赏水景的最佳位置；一处在叠瀑上面，与下方的茶亭互为景观；还有一处在园路旁边，是一处过亭，和谐地与大茶亭共同构成围合感。三个茶亭，在选址上一处临水，一处半山，一处过亭，各具特色。

茶亭在设计上选择东侧开窗，成为框景，可看见竹林与过亭。比起建筑形式，设计团队更加注重空间的氛围。北侧将隔扇设置成转门，打开可看见后面的竹林间的小溪，关闭则自成一方天地，带来了动态的空间感受。

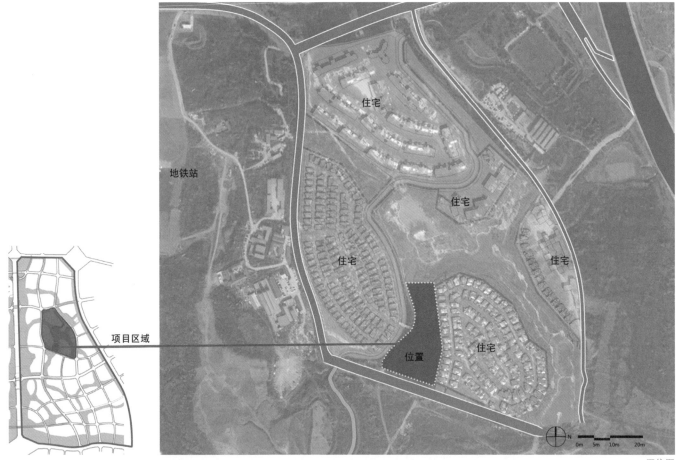

项目区域

位置

住宅

住宅

住宅

住宅

住宅

住宅

地铁站

区位图

竹林栈道

茂密的竹林将尘世的喧嚣隔离在外，沿着长长的石径进入隐秘的世外仙境

茶亭在选材上选用金属和竹结合的形式，金属为骨架，竹竿为皮肤，金属选用白色喷漆，与竹竿的黄色形成鲜明对比。通透的建筑形式使建筑如同竹林中的贤士，有幽幽花香，啾啾鸟鸣相伴，可沐温润之汤泉，可观万千之气象，让人们无不感受到它们那种低调内敛的悠然气质。

静谧灵动的溪流曲桥

地块最南端是园区的最高点，也是红石公园整体最高的水源。设计团队将场地内7米的高差设计为叠瀑的形式，以红砂岩垒砌的层层叠叠的矮墙将高差变得丰富而有层次。同时在其中穿插多个绿岛，种植丰富的观赏草和地被植物，使红砂岩矮墙在其中变得半遮半掩，神秘起来。矮墙层叠的结构如同古代文人耕种的梯田，使人想起陶渊明归园田居，采菊东篱的脱尘意境。

绿岛上间或点几株红枫，摇曳生姿。挡墙上做了许多半圆形的水口，在安排上也刻意地让其错落有致。叠水下是宽阔的水面，上面布置曲桥，用现代的手法展现了传统园林九曲桥风情。最后，在叠水上点缀上雾喷，于是一处如仙境般缥缈唯美的存在便诞生了。

易兰设计采用了"融合共生"的设计理念与手法将丰富的要素融成整体。园区内的场地和道路都不是规则和对称式的，没有任何一条所谓的"轴线"。场地也没有明确的边界，掩藏在植物后的水景、地形和建筑物都为公园带来了美的意境。虽然铺装采用机器切割规整的石材，却不失自然与随意。

现场勘探过程中，在地下挖出很多大块的、形态饱满的红砂岩整石。红砂岩是距今约2亿5000万年前形成的红色地层，具有非常重要的地质特征，设计团队将其作为最重要的设计元素，以户外家具、景观小品、铺地、叠泉、挡墙等不同的方式呈现，营造出多样化的功能与空间，为整个场地带来了远古历史的厚重感，也能让每位到访者对场地留下特殊记忆。

竹隐园的设计为居住者营造颇有仪式感的居住体验，

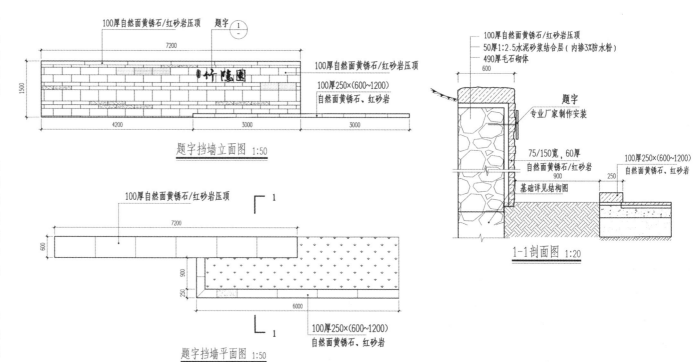

题字挡墙立面图 1:50

题字挡墙平面图 1:50

1-1剖面图 1:20

题字挡墙立面图 1:50

竹隐园入口处的标识

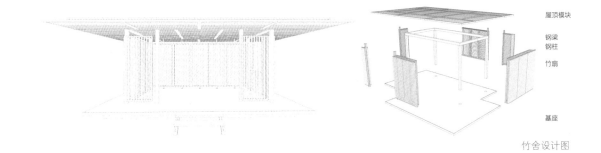

屋顶模块

钢梁
钢柱

竹扇

基座

竹舍设计图

竹舍设计体现了质朴的禅意与现代审美的融合

亭中可观景，景中有竹亭

拉近居民与自然的关系，让步景观于人，使之回归心灵。景观设计考虑了整体性，同时推敲了递进的布局，种种巧妙的向自然借景，用视线的虚实将建筑与自然的风景结合，在设计中灵活发挥，迂回曲折，趣意盎然。设计中广泛使用的材料，竹子、泥土、红石都取于自然之中，它们在经济和生态方面都有很重大的意义，对人和地球的可持续发展也有着重要的作用。这背后的意义，不仅仅是对景观的追求，也向人们展示了新时期对待环境应有的态度。

Project Brief

The Bamboo Garden project transforms a formerly derelict and underutilized vacant space within a large private residential community into a serene contemporary garden steeped in local tradition. Located inside a residential gated community, suburban to the heavily urbanized city of Chengdu, the new garden offers a tranquil and dynamic natural environment for residents seeking a connection to nature. Entry is via pedestrian pathways from the residential areas on four sides of the project, each entrance having its own distinct character. The garden was designed as a place of quiet serenity and peace. Too often, quiet natural spaces in Chinese cities have become a rarity considering focus is placed on development and the building of "facilities". The bamboo, rock, and native planting create a strong connection to the land. The garden consists of a brook, terraced waterfall, native plants, bamboo forest, zigzag bridge, and bamboo pavilions and offers the residents a place for relaxation, enrichment, and inspiration. The preservation and enhancement of an existing bamboo forest and the use and plant materials, defined and determined the form of the gardens. The space has been transformed into a lush green environment incorporating a bamboo forest, waterscapes, bamboo pavilions, teahouses, terraces, and bridges.

绿水桥平，九曲桥落于水上为人们提供亲水空间

竹舍在雾气中宛若仙境

层层叠叠的梯田式叠瀑时而雾气缭绕，时而叠泉叮咚

小中见大，承古开今
How to Inherit the Chinese Garden Tradition in the Present World

2010上海世博中国园"亩中山水"
The Chinese Garden for 2010 Shanghai Expo

获奖信息：IFLA 国际风景园林师联合会城市文化景观类荣誉奖，2019
首届优秀风景园林规划设计奖，2011
上海市优秀工程勘察设计项目一等奖，2011

项目位置：上海市浦东新区
项目面积：2.7 公顷
景观设计：易兰规划设计院
建筑设计：上海浦东建筑设计研究院有限公司
委托单位：上海世博土地控股有限公司

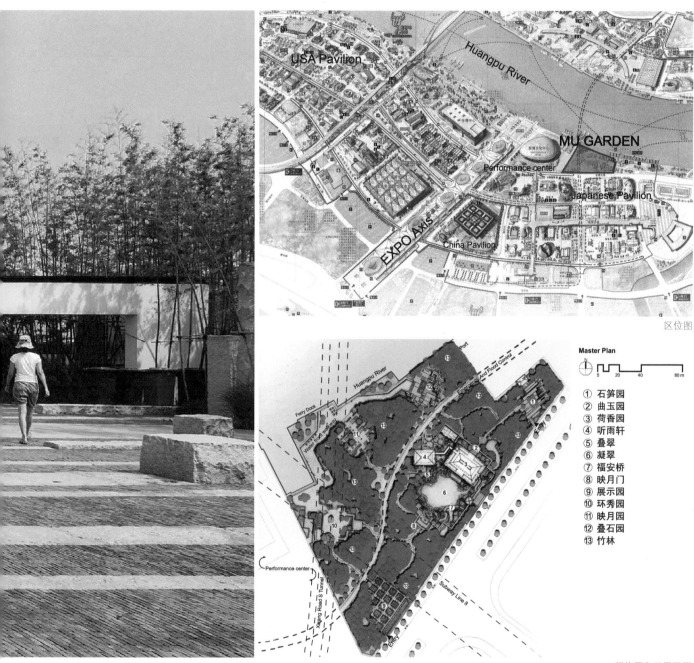

区位图

Master Plan

① 石笋园
② 曲玉园
③ 荷香园
④ 听雨轩
⑤ 叠翠
⑥ 凝翠
⑦ 福安桥
⑧ 映月门
⑨ 展示园
⑩ 环秀园
⑪ 映月园
⑫ 叠石园
⑬ 竹林

区位图和总平面图

2010 上海世博中国园"亩中山水"位于上海黄浦江滨南岸、世博会演艺中心以东，占地面积 2.7 公顷，在世博会期间是重要的人流聚集、停留的中转站。是 2010 上海世博会重要的接待场所。在世博会后，亩中山水园与中国馆等为数不多的场馆存留下来作为会后文化遗产。

易兰规划设计院担纲了该项目规划、建筑及景观整体设计工作。亩中山水园的设计主要围绕两点展开：一是展现中国文化遗产的特性并兼顾功能性；二是体现中国的当代性特点。其中一个设计关键就是如何继承发扬传统园林中的优秀理念和造园手法。对传统的继承不是对旧有形式的完全照搬，而是如何准确地理解传统造园精髓并进行提炼，在对当下服务需求的充分分析中，进行人性化的构图布局、材料选择和文化讲述。中国的传统园林之所以在世界园林中占重要的一席之地，很大因素在于其步移景异、诗情画意、小中见大等形成的多样性空间艺术。在上海世博中国园的当代中式景观营造过程中，竖向设计作为重要的表达方式贯彻始终。

作为"亩中山水"系列作品，上海世博中国园的设计从中国传统园林艺术汲取灵感，并以国际化的视野来反思中国传统园林在当代的延承和发展方式，是对景观设计上"当代中式"的一次有益探索。在该项目中，以"虽由人作，宛自天开"为设计原则，山石景观、水体景观、植物配置等均运用了"当代中式"的设计手法，通过简洁的现代景观设计语言凝炼中国传统园林艺术精华，提供一个人性化的自然环境。该项目包含 9 个以亩为单位的"亩中山水"园林系列，根据不同的主题当代化地诠释了中国传统园林中建筑、叠石、山水、曲径、种植等各种造园元素，巧妙自然地把传统封闭的私家园林转换为在功能上具有公众参与性的开放式空间。

世界博览会是一个特殊的城市事件，设计除了场地因素限制外还需要综合考虑其他因素。中国园设计初稿中的"九亩园"为一个开放式公园景观内完整的整体，由廊道、墙体和竹林进行有机划分。但由于现状场地地下条件极为复杂，埋藏着西藏路隧道和地铁 8 号线，场地中间还有一道千年防汛墙，上面部分为覆

209

土层，下埋挤塑板，用地范围内不可增加或减少其荷载，因此最终方案将完整的"九亩园"依据现场条件进行了巧妙、合理拆分，并分别命以主题进行设计。

在该方案中，场地整体规划由两个部分组成：静谧幽雅的竹林和深藏其中的具有中国传统韵味的"亩中山水"系列组成，其中"亩中山水"系列包含叠翠亩、桥影亩、听雨轩和荷香馆组成的凝翠园与石笋园、叠石园、映月园、盆景园和环秀园。

中国园"亩中山水"系列在延承传统园林意境的同时，功能上提供了漫步、穿越、赏园、休憩、观江等多种活动方式和游览路线，园内建筑设计也考虑到了中国韵味和当代性的融合。在不同"亩"相连接处设计了不同形式的景观墙体，借鉴苏州古典园林中的景墙设计手法，利用借景、透景、漏景等不同的造园方式来形成"亩园"之间的相互渗透和联系。

另外一种很好的划分空间手段是廊道，由于廊道具有庇荫、遮挡的作用，可以为人们提供休闲的过渡通道，让人们在不知不觉间欣赏到不同主题"亩园"的景观。在不同的"亩园"相邻边界处，成片的竹林在形成江南园林意境的同时，也起到很好的空间划分作用。

"九亩园"各具特色且又互相联系，周边以纯粹的竹林围合，两者相辅相成，以此达到整体和细节俱佳的效果。临江部分设计为滨江大道，"亩中山水"与滨江形成"对话"，亦使"亩中山水"园成为整个城市开放空间的组成部分，市民可在此驻足、观赏和游憩。设计通过将"亩"与"园"结合，以园林传统"亩"为单位，在现代场景中再现中国传统名园中九种深入人心的意境，启发小中见大的想象力，并结合现代的实用功能要求和元素，实现亩中造景。

Project Brief

Adjacent to the World Expo 2010 site in Shanghai, Mu Garden is a 6.7 acre composite of neo-classical Chinese gardens each with distinctive characteristics, idiosyncratic functions and poetic details. Collectively, they invite visitors to experience and enjoy the fascinating facets of Chinese landscape architecture.

Shaped from a charmless industrial site, Mu Garden expresses China's ancient and diverse landscape architecture as a bold, contemporary, dynamic landmark in tandem with the theme of the Expo "Better City, Better Life." Mu Garden offers locals and visitors, young and old, both

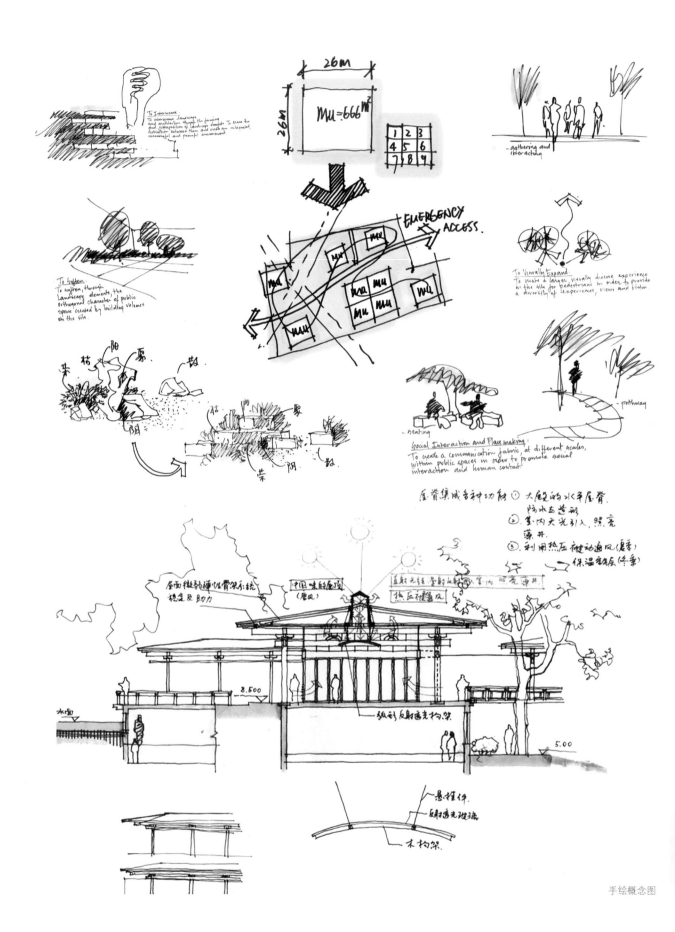

手绘概念图

项目实现了中国韵味和当代性的融合

physically able and challenged, a myriad of
accessible garden space to gather, relax and be
rejuvenated during and after the Expo.

The creative use of local building materials and
native plants vividly illustrates, and brings to
life, the philosophical tenet uniting all Chinese
gardens: creating multi-sensory experiences
to evoke marvelous feelings and memories of
nature.

Mu Garden continues to attract local residents
and international visitors to immerse in the allure
and artistry of Chinese landscape architecture
and culture set in one of the most fast-paced
cities in the world.

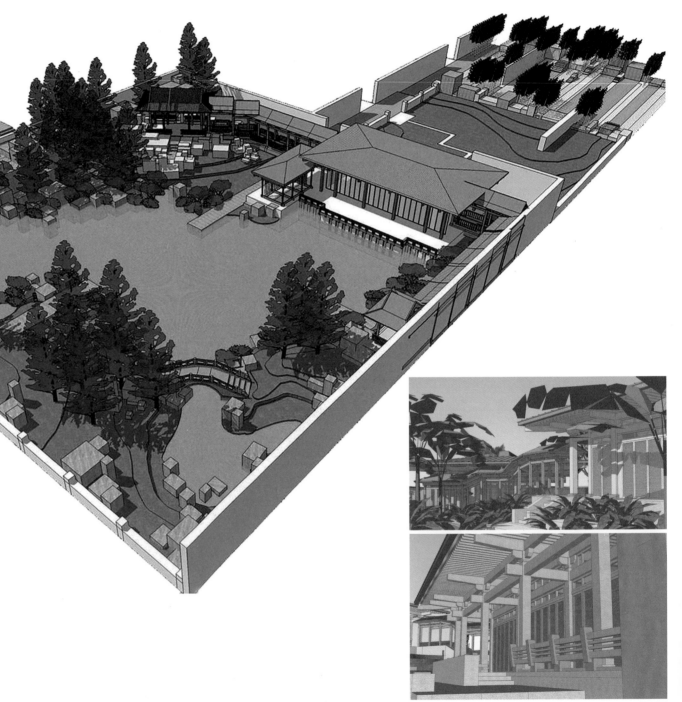

模型图

历史灵感

历史灵感

历史灵感

历史灵感

历史灵感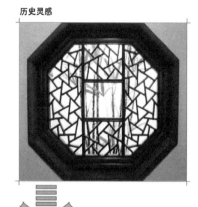

现代园林在"亩中山水"的应用

现代园林在"亩中山水"的应用

现代园林在"亩中山水"的应用

现代园林在"亩中山水"的应用

现代园林在"亩中山水"的应用

设计从中国传统园林艺术汲取灵感，是对景观设计上"当代中式"的一次有益探索

建筑效果图

典雅而富有传统灵韵的凝翠园一隅

根据不同的主题当代化地诠释了中国传统园林中建筑、叠石、山水、曲径、种植等各种造园元素

用现代的材料演绎传统的中国园林叠石

亩中山水园是距离中国馆最近的展园，在世博期间，作为重要的展示和接待场所也是为数不多的场馆存留下来作为会后文化遗产

竹林七贤雕塑

竹影婆娑，柴门侧隐，犹抱琵琶半遮面

城市公园的郊野化模式
The New Urbanization Model for a Suburban Park

北京黑桥公园
Heiqiao Park Phase I, Beijing

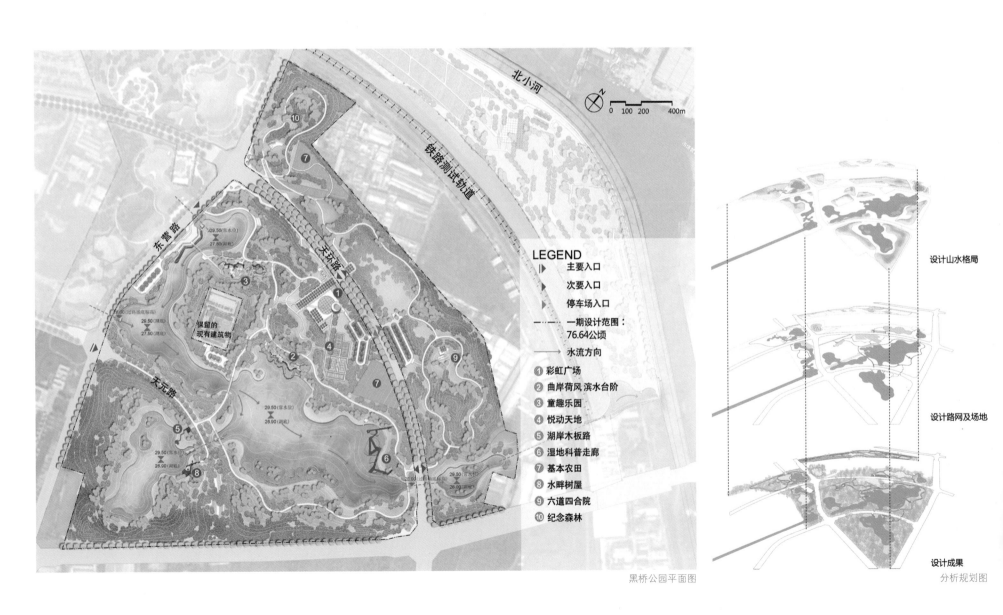

LEGEND

▷ 主要入口
▷ 次要入口
▷ 停车场入口
⎯·⎯·⎯ 一期设计范围：76.64公顷
⟶ 水流方向

① 彩虹广场
② 曲岸荷风 滨水台阶
③ 童趣乐园
④ 悦动天地
⑤ 湖岸木板路
⑥ 湿地科普走廊
⑦ 基本农田
⑧ 水畔树屋
⑨ 六道四合院
⑩ 纪念森林

北小河

铁路测试轨道

东苇路

天元路

黑桥公园平面图

设计山水格局

设计路网及场地

设计成果

分析规划图

220

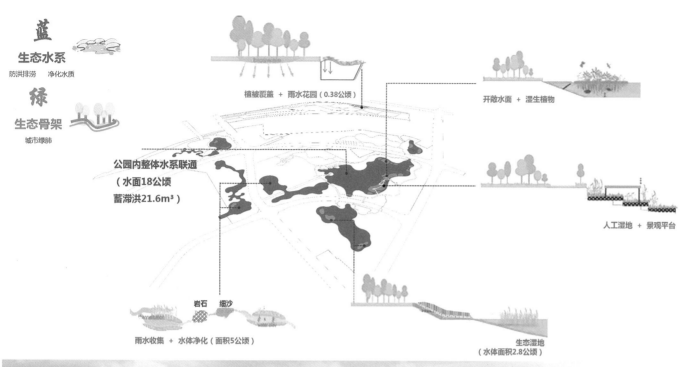

蓝
生态水系
防洪排涝 净化水质

绿
生态骨架
城市绿肺

植被覆盖 + 雨水花园（0.38公顷）

开敞水面 + 湿生植物

公园内整体水系联通
（水面18公顷
蓄滞洪21.6m³）

人工湿地 + 景观平台

岩石 细沙

雨水收集 + 水体净化（面积5公顷）

生态湿地
（水体面积2.8公顷）

项目位置：北京市朝阳区
项目面积：1380000 平方米
景观设计：易兰规划设计院
委托单位：北京市朝阳区崔各庄乡人民政府
获奖信息：口英国皇家风景园林学会入围奖，2020
　　　　　中国风景园林学会科学技术奖规划设计奖，2020
　　　　　北京园林优秀设计奖，2020
　　　　　全国人居景观前瞻奖，2020

"城在水中、水在绿中、绿在人中、人在画中"，是北京市朝阳区崔各庄乡腾退地、留白增绿建成的黑桥公园所要实现的蓝图。2019 年，公园一期正式开放迎客，即时吸引周边百姓、游客、儿童流连忘返，成为首都市民亲水休闲的好去处。

黑桥公园位于朝阳区崔各庄乡黑桥村。近年来，崔各庄乡紧紧围绕"疏解整治促提升"工作主线，进行大面积疏解、全方位整治，在"拆违建、整环境、疏解非首都功能"行动中，腾退出土地 110 万平方米，为公园的建设打下了坚实的基础。黑桥公园是一座将生态理念贯彻到底的绿地公园。上位规划中将本区域定位为郊野公园，是崔各庄乡全域景观示范性、生态性项目。

易兰规划设计院承担该公园项目的景观设计工作。设计团队从适用、生态、文化三个维度与城市进行对话，通过规划水文、漫行，与植被系统增强人与环境的互动，满足居民各维度的城市生活需求，以"一轴、两核"的景观结构布局将黑桥公园的功能片区统筹：以规划路——东营路为轴，串联黑桥记忆景观核、活力运动景观核，功能分区设置了生态保育区、滨水区、林地体验区、耕读文化体验区、健身运动区、儿童活动区等不同功能区。

设计充分保留场地基因，结合城市区域生态绿地的设计理念，以"蓝绿交融"为整个公园主题：打造以"绿"为主题的都市绿肺体系，在公园中构造多样性的动植物栖息地；打造以"蓝"为主题的防洪排涝系统，净化黑桥公园所在水系的水质。按照崔各乡地区"大生态建设总体规划"，将乡域内河湖水系串联起来，新增水面和湿地共 40 万平方米。同时，将与温榆河绿色生态走廊连接，承载北小河防洪排涝功能，提升温榆河水系水质，流向城市副中心。设计师响应绿色海绵城市需求，采取"渗、滞、蓄、净、用、排"等措施综合提高雨水的利用率。场地内利用绿地滞留和净化雨水，回补地下水，包括恢复河漫滩、建立雨洪公园、降低公园绿地标高、沿路设计生态沟等多项措施。水边有树屋、亲水平台，沿岸更有片植芦苇、慈姑等湿生植物，形成芦花飞雪的自然野趣之境。

黑桥公园鸟瞰效果图

公园打通了与周边河道绿色生态廊道，在城市中心区域构建了一处多样性的动植物栖息地

保留大树，记录了场地记忆

黑桥公园绿地面积达 96 万平方米，全园新植 4.67 万株乔木、4 万多株灌木，公园内精心布置的流线型健身步道串联起各个休闲节点场地。高低起伏的微地形，与疏密开合有致的乔灌木、草花层次相互搭配，形成或舒朗或通幽的景观空间，为市民提供了游憩玩乐之所。

植物设计以生态保育为目的，营造林地、湿地、水体等种类多样的动植物栖息地，运用乡土植物模拟自然植物群落，营造大尺度生态环境，平衡生态与城市生活的需求，打造和谐、舒适的城郊森林公园。经过疏解整治后，往日拥挤喧嚣的黑桥村变身为一座美丽花园，令百姓看得见山，望得见水，记得住乡愁，成为落实北京市疏解整治行动纵深发展的成果体现。

Project Brief

This project is a bold experiment in creating a dynamic and affordable landscape that responds to the unavoidable urbanization within this region of Beijing. —The landscape design of Heiqiao Park in the Chaoyang District of Beijing, China, involved rethinking the essence of the landscape, innovatively redefining it as a space where ecology and society merge. The 170 acre Heiqiao Park project is a perfect experiment to thoroughly implement this intention.

The design transformed vacant land left from the demolition of portions of the adjacent Heiqiao Village into a vibrant, urban ecotone and serene, contemporary community park by integrating a series of design strategies, including: stormwater management, phytoremediation, eco-restoration, and cultural landscape design. The project goal was to create an ecological, suburban park serving the area's multi-generational citizens, meeting their leisure and entertainment needs while creating a natural environment for animal and plant habitats through progressive and cost-effective landscape design strategies.

为了增强各个区域的联系，各景点之间以 1.5 米宽的健康步道串联，全长 3.8 千米

生态保育区——观鸟平台

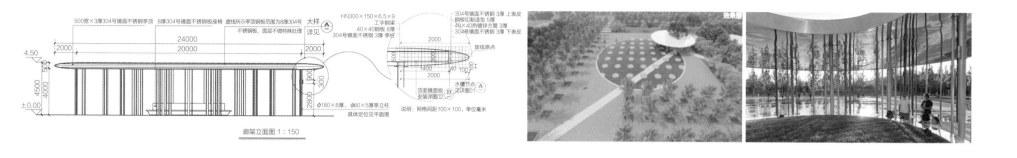

500宽×3厚304号镜面不锈钢亭顶　8厚304号镜面不锈钢板座椅　虚线所示亭顶钢板范围为8厚304号　大样　HN300×150×6.5×9　304号镜面不锈钢 3厚 上表皮
不锈钢板，面层不做特殊处理　详见　工字钢梁　钢板切割造型 5厚
304号镜面不锈钢 3厚 亭柱　40×40钢板 8厚　4根×40热镀锌方管 3厚
304号镜面不锈钢 3厚 下表皮

放线原点

24000
20000
2000
2000

2000

2000
1400
2000

4.50
4500
4000
±0.00

2800

水槽节点
见详图01

Φ180×8厚，Φ60×5厚亭立柱
具体定位见平面图

顶面镜面板
安装详图02

说明：网格间距100×100，单位毫米

廊架立面图 1：150

彩虹广场由镜面亭、涉水池、L形树阵等组成

225

彩虹广场可以组织各种户外活动，夏季季节性开放水景，吸引来众多游人，成为园区亮点

项目打破了公园与城市界限，成为一所百姓喜爱的休闲娱乐公园

候鸟天堂的保护与修复
Conservation and Restoration of Migratory Bird's Paradise

北京野鸭湖国家湿地公园
Wild Duck Lake National Wetland Park, Beijing

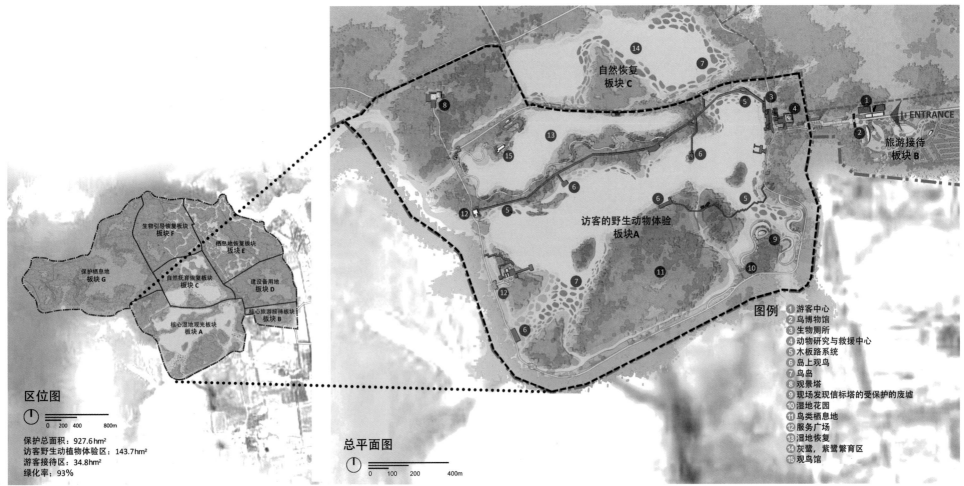

自然恢复
板块 C

访客的野生动物体验
板块A

旅游接待
板块 B

ENTRANCE

区位图

0 200 400 800m

保护总面积：927.6hm²
访客野生动植物体验区：143.7hm²
游客接待区：34.8hm²
绿化率：93%

生物引导恢复板块
板块 F

栖息地恢复板块
板块 E

保护栖息地
板块 G

自然抚育恢复板块
板块 C

建设备用地
板块 D

核心湿地观光板块
板块 A

核心旅游接待板块
板块 B

总平面图

0 100 200 400m

图例
1. 游客中心
2. 鸟博物馆
3. 生物厕所
4. 动物研究与救援中心
5. 木板路系统
6. 岛上观鸟
7. 鸟岛
8. 观景塔
9. 现场发现信标塔的受保护的废墟
10. 湿地花园
11. 鸟类栖息地
12. 服务广场
13. 湿地恢复
14. 灰鹭，紫鹭繁育区
15. 观鸟馆

总平面图

获奖信息：IFLA 国际风景园林师联合会公共空间类卓越奖，2019
IFLA 国际风景园林师联合会生态保护类卓越奖，2019
北京园林优秀设计奖，2016
美居奖北京区中国最美旅游度假区，2015

项目位置：北京市延庆区
项目面积：6873 公顷
景观设计：易兰规划设计院
建筑设计：易兰规划设计院
委托单位：北京延庆野鸭湖湿地自然保护区管理处

北京野鸭湖国家湿地公园位于北京市延庆区西部，位于世界文化遗产八达岭长城脚下，官厅水库之滨，北依松山、大海坨山。占地面积 6873 公顷，是北京市面积最大生物多样性最丰富的野鸭湖湿地自然保护区的缓冲区，也是国际鸟类迁徙路线东亚—澳大利亚路线的中转驿站，每年的迁徙季节，有众多的鸟类在此停歇。易兰设计团队从生态保护的原则出发，综合考虑景观设计、建筑设计、环境修复工程设计，全方位参与打造了这个集生态保护和科普教育为一体的生态湿地公园。

北京野鸭湖国家湿地公园主要由基础设施工程、栖息地及湿地植被恢复工程及野鸭湖湿地文化广场三部分组成。其中基础设施工程对湿地环境的保护与研究、野生动植物的观测与救助等生态保育工作提供了保障。栖息地及湿地植被恢复工程位于保护区内，恢复的湿地面积为 185 公顷。野鸭湖湿地文化广场占地面积 63000 平方米，主要用于湿地展示及科普宣教。

易兰设计团队分析了原场地的生态敏感度，从而划分出不同级别的保护区，利用生态修复的手段，以灌木、草本和水生湿生植物种植为主，充分保护、提升了自然湿地、动物栖息地的生态环境。栖息地及湿地植被恢复工程位于保护区内，恢复的湿地面积为 185 公顷。其中人工辅助恢复板块和自然抚育恢复板块以灌木和草本为，设计以保护湿地生态系统结构完整性、生态功能和生态过程的连续性为前提，对现存湿地实施全面保护。为维护湿地生物多样性，优先考虑珍稀水禽、湿地自然景观保护为重点，兼顾一般水鸟、候鸟的保护，扩大珍稀种群数量，增强保护区的生态平衡能力和系统运行的稳定性，维护保护区生态多样性。并通过各项生态修复措施引来众多鸟类，以科技为先导，充分吸收国际湿地保护、恢复的先进技术和经验，加强国内生态新技术在湿地保护中的应用。野鸭湖湿地独特的地形、地貌、气候、水文特点，形成了各种类型的自然生态系统。据统计，通过栖息地恢复策略，野鸭湖从被侵袭破坏的栖息地已变为 300 种鸟类和 478 种植物的栖息地。

已经有 300 多种鸟类在公园筑巢或者迁徙，成为远近闻名的观鸟圣地

保护区内水资源敏感区：2794 公顷
高度敏感区：2080 公顷
中度敏感区：714 公顷
规划区域内水资源敏感区：698 公顷
高度敏感区：374 公顷
中度敏感区：326 公顷

保护区内生态系统敏感区：1608 公顷
高度敏感区：1372 公顷
中度敏感区：236 公顷
规划区域内生态系统敏感区：352 公顷
高度敏感区：190 公顷
中度敏感区：162 公顷

保护区内鸟类栖息地敏感区：4886 公顷
高度敏感区：1034 公顷
中度敏感区：3852 公顷
规划区域内鸟类栖息地敏感区：1501 公顷
高度敏感区：206 公顷
中度敏感区：1295 公顷

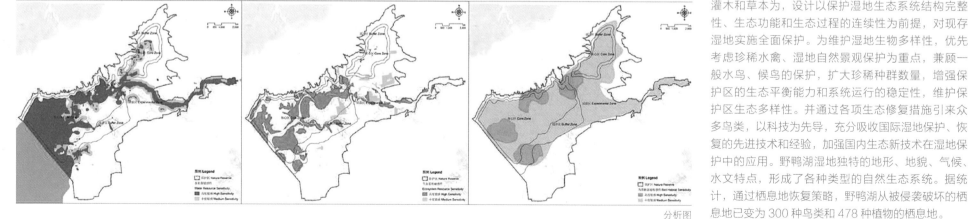

分析图

设计团队在建设过程中因地制宜，根据不同基础条件构建不同的生境，以满足适应不同生境的物种。同时，考虑不同生境的过渡与连续，认识湿地保护区域与周边环境的联系。野鸭湖湿地集自然保护、休闲游憩、科普学习于一体，为广大市民提供了一个回归自然、欣赏自然、认识自然的好去处。

为了不影响鸟类活动，设计师巧妙地用植物将人类活动的区域构建起来

Project Brief

Located 80 km northwest of Beijing, Wild Duck Lake Wetland Park is a critical fueling stop for migratory birds in the East Asian–Australasian route that had fallen victim to environmental degradation.

In consultation with ornithologists, ecologists, botanists and civil engineers, the landscape architecture designers rated the birds – local and migratory – as the primary client. The wetland was transformed into a "deluxe" sanctuary to enable the wildlife to return and flourish. Since its completion, local and migratory wildlife species have increased by 32%, and some of the rarest birds have made a remarkable comeback.

The return of these spectacular birds in turn attracted bird lovers, photographers and the general public to visit the Park in record numbers. In 2018, the Park welcomed 160,000 visitors. The large number of visitors was anticipated and the facilities were well prepared. Though human access to the Park is tightly restricted, a comprehensive suite of comfortable, yet environmentally-friendly facilities, including Observation Pavilions, Boardwalks, High Point Towers were built.

To maintain the equilibrium of human interests in nature and the needs of the wildlife, educational programs are conducted at the Visitor's Center and other selected locations to heighten public awareness of the appalling environmental history and critical importance of the Park.

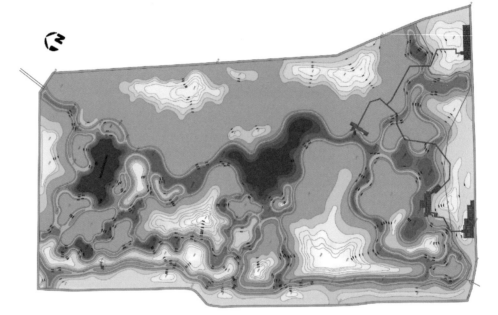

湿地恢复区 竖向设计

竖向标注说明：

最高点　480.40
最低点　472.80
湖岸线　476.00（±=0.0）
常水位　475.50
等高线　0.5m一根（浅灰为等深线，土黄为等高线）
山最高4.4米（以湖岸为基础计算）
湖最深2.7m（以常水位计算）
填方约：24万m²（填挖方为零，场地内平衡）
挖方约：24万m²
需水量约：20万m²

湿地恢复区 种植设计

水生植物群落

序号	字母代号	植物组成类型（浮水+沉水+浮水/浮水+沉水）
1	A1	香蒲+慈姑+轮叶+萍蓬草
2	A2	芦苇+柳叶菜+金鱼藻+浮萍
3	A3	菖蒲+菰草+三棱草+狐尾藻+萍蓬草
4	A4	荇菜+金叶藻
5	A5	千屈菜+水葱+水芹+黑藻+槐叶萍
6	A6	睡莲+金鱼藻
7	A7	灯芯草+菖蒲+金鱼藻+水毛茛+槐叶萍
8	A8	慈姑+石竹+黑藻+水鳖草
9	A9	水葱+黑藻+槐叶萍

吸引鸟类植物群落

序号	字母代号	植物组成类型（乔木+灌木+草坪/灌木+草坪）
1	B1	枸骨+梓树+丁香+金银木+午穗草
2	B2	山桃+杏+柳+桑+午穗草
3	B3	蔷薇+午穗草

背景林植物群落

序号	字母代号	植物组成类型（乔木+灌木+草坪+乔木+草坪）
1	C1	白蜡+百草
2	C2	旱柳+香椿+丁香+蔷梅+玉簪
3	C3	千头椿+元宝枫+连翘+槭叶荷+五叶地锦
4	C4	国槐+珍珠梅+紫萼

灌木丛 （浅水）

序号	字母代号	植物组成类型（灌木+草坪）
1	D1	柠条锦鸡+野牛草
2	D2	沙蒿+野牛草
3	D3	怪柳+野牛草
4	D4	铁口草+野牛草
5	D5	红瑞木+午穗草

草木

序号	字母代号	植物组成类型（草坪）
1	E1	白羊草
2	E2	黄草
3	E3	白花草木樨
4	E4	灰绿藜
5	E5	红蓼

水生植物群落 → 吸引鸟类植物群落 → 背景林植物群落 → 灌木丛 → 草木

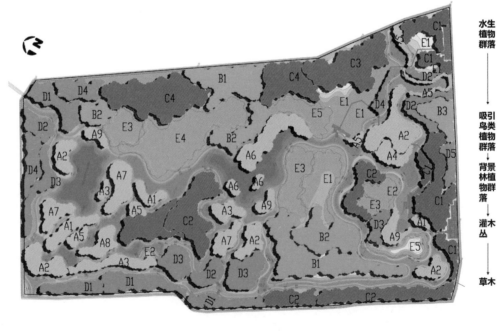

湿地恢复区 设计图

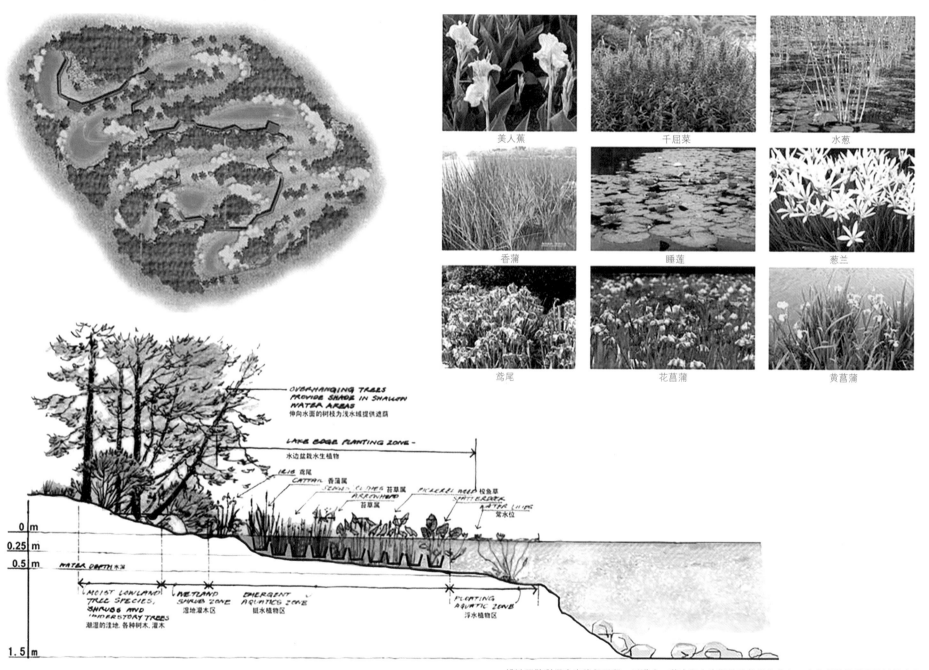

美人蕉　　　　　千屈菜　　　　　水葱

香蒲　　　　　睡莲　　　　　葱兰

鸢尾　　　　　花菖蒲　　　　　黄菖蒲

OVERHANGING TREES PROVIDE SHADE IN SHALLOW WATER AREAS
伸向水面的树枝为浅水域提供遮荫

LAKE EDGE PLANTING ZONE
水边盆栽水生植物

IRIS 鸢尾
CATTAIL 香蒲属
SEDGES CLIPPED 莎草属
ARROWHEAD 苻草属
PICKEREL WEED 梭鱼草
SPATTERDOCK WATER LILIES 萍水位

0 m
0.25 m
0.5 m

WATER DEPTH 水深

MOIST LOWLAND TREE SPECIES, SHRUBS AND UNDERSTORY TREES
潮湿的洼地, 各种树木, 灌木

WETLAND SHRUB ZONE
湿地灌木区

EMERGENT AQUATICS ZONE
挺水植物区

FLOATING AQUATIC ZONE
浮水植物区

1.5 m

设计团队利用生态修复手段，以灌木、草本和水生湿地植物种植为主，充分保护提升了场地的生态环境

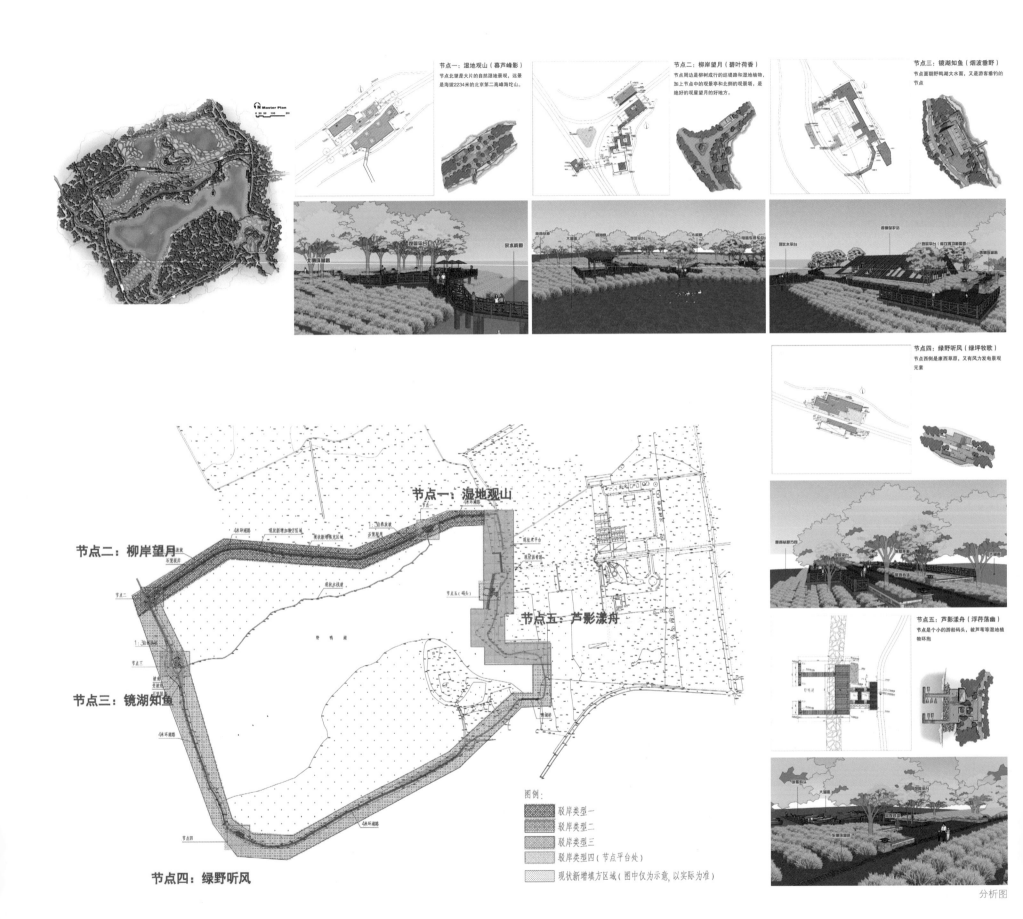

节点一：湿地观山（暮芦峰影）
节点北望是大片的自然湿地景观，远景是海拔2234米的北京第二高峰海坨山。

节点二：柳岸望月（碧叶荷香）
节点周边是柳树成行的巡道路和湿地植物，加上节点中的观景亭和北侧的观景塔，是地好的观星望月的好地方。

节点三：镜湖知鱼（烟波垂野）
节点面朝野鸭湖大水面，又是游客垂钓的节点

节点四：绿野听风（绿坪牧歌）
节点西侧是康西草原，又有风力发电景观元素

节点五：芦影漾舟（浮荇落曲）
节点是个小小的游船码头，被芦苇等湿地植物环抱

节点一：湿地观山
节点二：柳岸望月
节点三：镜湖知鱼
节点四：绿野听风
节点五：芦影漾舟

图例：
驳岸类型一
驳岸类型二
驳岸类型三
驳岸类型四（节点平台处）
现状新增填方区域（图中仅为示意，以实际为准）

分析图

234

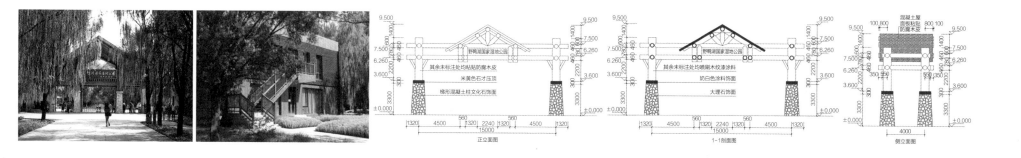

公园入口处，每天到此游览的人络绎不绝

235

在湿地深处，有一座瞭望台，人们可以在上面看到整个公园全貌

各种生态修复措施，引来众多鸟类

236

苇草中的步道

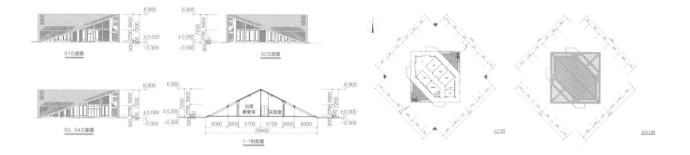

建筑设计

因地制宜的观鸟亭，隐蔽在植物丛中，最小的干扰飞禽活动

通过栖息地的恢复策略，野鸭湖已经成为 300 多种禽类的栖息地

游客可以通过观景塔眺望禁止游客进入的生态保护区

AWARDS
获奖荣誉

订天奖金奖
ELA建筑中国
生态景观奖
ELA International
Landscape Award
青岛市优秀工
程勘察设计奖
Qingdao Association Of
Investigation And Design

WAF
世界建筑节
最佳自然
景观大奖
World Architecture Festival
中国土木工
程詹天佑奖
Tien-yow Jeme Civil
Engineering Prize
园冶杯 园匠杯
Yuanye Award Landscape
Ingenuity Award

China Engineering &
Consulting Association
ULI
城市土地学
会卓越奖
Urban Land Institute
中国建筑学会
建筑设计奖
园林景观奖
Architectural
Society of China
北京园林学会
优秀设计奖
Beijing Institution of
Landscape Architecture
GHDA环球
人居设计大奖
Global Habitat
Design Awards
国际风景园林

Landscape Institut
CIHAF中国最具
影响力设计师
China Internationa
Real Estate & Architectu
Technology Fai
GCREC全球
最佳人居环
境社区大奖
Global Chinese Rea
Estate Congress
BAL
英国景观协会
国家景观奖
British Association o
Landscape Industrie
National Landscape Award
中国风景
园林学会
科学技术奖
Chinese Society o
Landscape Architectur

际奖杰出奖
national Federation
ndscape Architects

影响刀设计师
China International
Real Estate & Architectural
Technology Fair

国家景观奖
British Association of
Landscape Industries
National Landscape Awards

最佳景杰
景观大奖
World Architecture Festival

国建筑
ASLA
美国景观
设计师协会
综合设计奖

北京市优秀工
程勘察设计奖
园林景观综合奖
Beijing Engineering
Exploration And
Design Association

中国勘察设
计协会优秀
勘察设计奖
China Engineering &
Consulting Association

程鲁班奖
Luban Prize for
struction Project

龙江省勘察
计协会优秀
程 设 计 奖
ongjiang Sheng
cha Sheji Xiehui

American Society of
Landscape Architects
中 国 勘 察
设 计 协 会
计 成 奖

CREDAWARD
地产设计大奖
China Real Estate
& Design Award

美居奖 金盘奖
Meiju Award Kinpan Award

LI 英国皇家风
景园林学会奖
Landscape Institute

RC城市街
设计大奖
Design Award

IFLA
国 际 风 景 园
林 师 联 合 会
国际奖杰出奖
International Federation
of Landscape Architects

上海市优秀工
程勘察设计奖
Shanghai Exploration &
Design Trade Association

DESIGN
大利A'设
大奖金奖
Design Award
Competition

China Engineering &
Consulting Association
JICHENG Award

AHLA亚洲
人 居景观奖
ASIA   Habitat
Landscape Award

中国房地产创

CIHAF中国最具
影响力设计师
China International
Real Estate & Architectural
Technology   Fair

台杯 园匠杯

中国土木工程